EXPLORATION

SCIENTIFIQUE

DE LA TUNISIE

PUBLIÉE

SOUS LES AUSPICES DU MINISTÈRE DE L'INSTRUCTION PUBLIQUE

GÉOLOGIE

EXPLORATION SCIENTIFIQUE DE LA TUNISIE

MISSION GÉOLOGIQUE

EN AVRIL, MAI, JUIN 1888

JOURNAL DE VOYAGE

PAR

GEORGES LE MESLE

CORRESPONDANT DU MUSÉUM D'HISTOIRE NATURELLE
MEMBRE DE LA MISSION DE L'EXPLORATION SCIENTIFIQUE DE LA TUNISIE

PARIS

IMPRIMERIE NATIONALE

M DCCC XCIX

Chargé, en avril 1888, par M. le Ministre de l'Instruction publique, d'une seconde mission géologique en Tunisie, mon principal objectif était la reconnaissance du terrain jurassique assez vaguement signalé par le Dr Kobelt et M. Zappi dans le massif du Zaghouan; puis, je devais explorer la partie centrale de la Régence en reliant mon itinéraire à ceux de M. Ph. Thomas, mon savant collègue de mission.

J'ai pu, à peu près, remplir le programme que je m'étais imposé et rapporter de mon exploration d'intéressants documents géologiques et paléontologiques que j'aurais désiré mettre au jour de suite, mais la publication des importants travaux de M. Ph. Thomas devant forcément retarder l'impression de mon Journal de voyage, j'ai obtenu du regretté Dr Cosson, alors Président de notre mission, l'autorisation formelle d'en extraire quelques renseignements qui ont été présentés à la Société géologique de France en janvier 1890.

Cette note a été l'occasion ou le prétexte de critiques acerbes, présentées sous une forme tellement personnelle que j'ai cru devoir ne pas y répondre.

J'ai le droit d'affirmer que mes observations ont été faites avec la plus grande conscience, sans aucun parti pris.

Si je n'ai pas vu ou interprété les faits de la même manière que d'autres géologues, j'ai bien été forcé de le dire; mais je l'ai toujours fait en termes polis et avec une certaine hésitation, n'ayant aucune prétention à l'infaillibilité.

Arrivé à Tunis au commencement d'avril, j'ai été forcé de consacrer plusieurs jours aux visites officielles, à l'organisation matérielle de mon exploration et je n'ai pu me mettre en route qu'à la fin du mois.

Arzew, 17 février 1894.

MISSION GÉOLOGIQUE

EN AVRIL, MAI, JUIN 1888.

JOURNAL DE VOYAGE[1].

De Zaghouan à Kairouan.

Zaghouan, 27 avril. — Je suis arrivé hier, à 7 heures du soir, à Zaghouan, étant parti de Tunis à 1 heure, dans une calèche de louage, attelée, à la maltaise, avec trois chevaux de front.

M. Lefebvre, l'aimable directeur du service des forêts, avait bien voulu me donner un garde indigène comme guide et interprète; un garde français, auquel on avait télégraphié, m'attendait à mon arrivée; il m'avait fait préparer souper et chambre dans une espèce d'hôtel-cantine, somme toute, très passable; c'est un vieux logis arabe avec de très beaux revêtements de faïence et des sculptures ajourées fort élégantes.

De Tunis jusqu'à près de Mahamedia on ne quitte pas les calcaires si peu fossilifères exploités à Mougrin, au Djebel Djelloul[2]; j'ai de bonnes raisons pour les attribuer au Sénonien supérieur; j'en recueille quelques échantillons qu'il faudra étudier au microscope pour y reconnaître les différents Foraminifères que l'on devine à l'œil nu.

A Mahamedia on voit les restes, plutôt que les ruines, d'un énorme palais-caserne, abandonné à peine construit; c'est la mode du pays.

Là on commence à rencontrer des travertins puissants, de ces travertins-carapace dont la formation est attribuée, et à raison je crois, par M. Pomel, à une sélection des éléments du substratum par voie d'endosmose; ils sont connus des Arabes sous le nom de « Tafaize[3] » et recher-

(1) Le présent Journal de voyage, qui paraît quatre années après la mort de l'auteur, est entièrement conforme au manuscrit revu et corrigé qu'il destinait à l'impression et qu'il avait envoyé dans ce but au regretté Doumet-Adanson, alors délégué à la direction de la Mission scientifique de Tunisie; aucune modification n'a été apportée au texte, et les coupes qui l'accompagnent ont été reproduites aussi fidèlement que possible.

G. Barratte,

Chargé de surveiller l'impression des documents relatifs à la Mission scientifique de Tunisie.

(2) Voir plus loin, p. 43.

(3) Voir plus loin, p. 44.

chés pour la confection d'une bonne chaux hydraulique; les Romains les utilisaient pour le même emploi.

Puis l'on traverse les premiers contreforts du Djebel Bou-Adjeba formés de calcaires plus ou moins crayeux, blanchâtres, avec de nombreuses alternances de marnes grisâtres ou brunâtres; je serais tenté de les comparer aux calcaires et marnes du Djebel Ahmar au NO de Tunis; l'approche de la nuit m'empêche d'y faire des recherches suffisantes pour être affirmatif[1]. On les suit jusqu'à la plaine qui est au Nord de Zaghouan.

Très pittoresque est l'aspect de cette petite ville arabe; des jardins d'un vert intense piqueté de points et de taches blanches qui sont les maisons; le tout éclairé par un soleil couchant, roux. Dans le fond, la masse si belle comme couleur et comme lignes du massif si fièrement campé, si capricieusement découpé du Djebel Zaghouan (1,340m Ét.-Maj.) dominant absolument la contrée.

Aujourd'hui je vais prendre une idée générale de l'ensemble, de manière à pouvoir établir mon plan de campagne et d'attaque.

J'ai exploré quelques kilomètres des revers Nord et NO du massif et j'ai peur de me trouver en désaccord avec le diagramme, du reste schématique, de M. Rolland dans sa communication à l'Institut[2]; je reconnais ses marnes néocomiennes, seulement je ne les vois pas passer sous la grande masse calcaire et ici elles semblent, au contraire, la recouvrir.

J'ai visité les curieuses ruines du temple romain du Nymphée à la tête de sources abondantes dont un aqueduc amenait les eaux à Carthage et qui, aujourd'hui, alimentent Tunis.

Entre le village de Zaghouan et le temple du Nymphée on a exploité, pour constructions, des calcaires sub-lithographiques en assises bien réglées, presque en dalles, qui semblent subordonnés aux marnes, reconnues néocomiennes et pourraient bien appartenir à l'Aptien.

28 avril. — J'ai visité ce matin les revers Nord et NE du Djebel Zaghouan; c'est très disloqué, tourmenté comme stratification; on y remarque de nombreuses émissions métallifères, galène, calamine, barytine; à 1 ou 2 kilomètres du village, au Nord du massif, on voit des traces assez importantes de recherches de galène.

Toute la journée il a fait un vent énorme, rendant la marche difficile et pénible; les résultats obtenus ont été médiocres.

29 avril. — Je suis parti ce matin à 6 heures et ne suis rentré qu'à 3, sans avoir mangé, rompu, mais enchanté du résultat de mes observations

(1) Le Djebel Ahmar a été reconnu comme incontestablement Danien; voir Gauthier.

(2) Rolland, *Sur la montagne et la grande faille du Zaghouan*, in *Comptes rendus de l'Académie des sciences*, 7 décembre 1885.

qui malheureusement ne concordent pas avec celles de M. Rolland; je ne veux pas être absolument affirmatif; en géologie il faut être prudent et il est sage de faire des réserves; cependant, je dois dire ce que j'ai vu ou cru voir, espérant ne blesser aucune susceptibilité.

Je ne pouvais admettre, comme le faisait M. Pomel[1], que la masse de calcaires marmoréens du Djebel Bou-Kourneïn appartînt au Turonien à cause de «traces» de rudistes observées, assez loin, dans l'extrême partie Est du massif; ces données paléontologiques me semblaient insuffisantes et j'étais tenté de prononcer le nom de Jurassique supérieur[2].

Pour M. Rolland, ces mêmes calcaires, retrouvés par lui dans la chaîne du Zaghouan, appartiendraient, toujours par analogie, à l'Urgonien.

D'un autre côté, le voyageur allemand Kobelt signalait «à une assez grande hauteur sur le versant Nord du Djebel Zaghouan une couche rougeâtre dont il avait rapporté une Ammonite», et cette Ammonite, décrite par Neumayr sous le nom de *Perisphinctes Kobelti*, avait, au dire du savant paléontologiste, un facies éminemment jurassique.

J'avais à retrouver ce niveau intéressant que je cherchais vainement depuis deux jours : je l'ai découvert ce matin en montant au télégraphe optique (975^m Ét.-Maj.), le long du sentier, à peu près à mi-hauteur; c'est une couche peu épaisse de calcaires marneux-noduleux, rougeâtres ou grisâtres, contenant des tronçons indéterminables de Bélemnites du groupe des *B. hastatus*, de nombreuses Ammonites, trop souvent en mauvais état de conservation; voici, du reste, la liste des espèces, déjà reconnues, de ce gisement[3] :

Belemnites *sp.*
Peltoceras transversarium.
Rhacophyllites tortisulcatus.
Oppelia Anar Oppel.
Oppelia aff. Bachiana Oppel.
Lytoceras aff. Liebigi.
Perisphinctes aff. Kobelti Neumayr. Très voisin de P. colubrinus (type figuré par Favre).
Aptychus du groupe des lamellosi.
Collyrites Friburgensis Ooster.
Cyclolampas Voltzi (Desor) Pomel.
Pleurodiadema Stutzi de Loriol.

On recoupe deux ou trois fois cette couche quand on suit le sentier difficile du télégraphe; quoique peu fossilifère, elle est assez facile à re-

(1) Pomel, *Géologie de la côte orientale de la Tunisie.*

(2) Le Mesle, *Mission géologique en Tunisie en 1887*, p. 8.

(3) Depuis la rédaction de ces notes, j'ai reçu de M. le Dr Robin, dont j'avais eu le plaisir de faire la connaissance à Moudenin, une intéressante et nombreuse série de fossiles oxfordiens du Zaghouan, recueillis par lui dans cette localité, qu'il a habitée assez longtemps comme médecin militaire; d'après lui, cette couche, avec tous ses caractères pétrographiques et paléontologiques, se retrouverait sur plusieurs points du versant SE du massif.

connaître à sa couleur rougeâtre, à son caractère noduleux; les éboulis et une végétation intense gênent les observations, mais j'ai pu la suivre à l'œil assez loin au SO, où j'aurai à la rechercher.

Je considère ces marnes rouges, évidemment subordonnées à la puissante formation de calcaires plus ou moins marmoréens, comme l'équivalent de ce que nous voyons en Algérie, à l'Ouest de Batna, dans le massif du Bou-Thaleb, où des marnes et calcaires rouges contenant une faune oxfordienne sont surmontés par des calcaires tithoniques plus ou moins fossilifères; c'est ce qui existe très probablement au Zaghouan, et provisoirement j'emploierai pour les distinguer les deux termes Oxfordien et Tithonique.

Voici une coupe prise un peu au Sud du village :

Coupe du Djebel Zaghouan passant par le camp et le télégraphe.

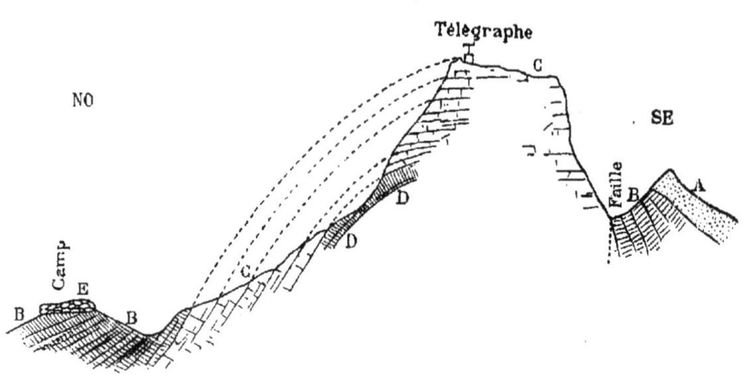

A. Terrain tertiaire.
B. Marnes, grès et calcaires du Néocomien et de l'Aptien.
C. Calcaires jurassiques (tithoniques).
D. Marnes oxfordiennes.
E. Nappe de poudingues et de cailloux roulés provenant des éboulis de la montagne.

L'interprétation de cette coupe est facile, et ici il n'est pas besoin d'invoquer une faille pour expliquer les relations du Jurassique avec le Crétacé. Les calcaires marneux rouges, d'où proviennent les fossiles recueillis par moi, apparaissent par suite d'une brisure dans la voûte des calcaires tithoniques.

Voici une autre coupe prise un peu plus au SO, vers le temple du Nymphée; elle présente une assez grande différence, le Crétacé inférieur butant contre le Jurassique; il y a ici faille évidente; sur ce point les assises du Jurassique supérieur ne sont pas assez disloquées pour laisser apercevoir les marnes oxfordiennes qui ne réapparaissent que quelques kilomètres plus au SO.

Coupe prise près du Nymphée.

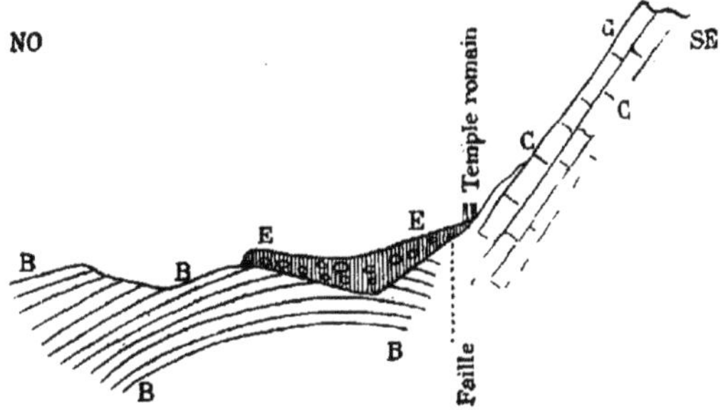

B. Marnes et calcaires noduleux ou gréseux du Néocomien et de l'Aptien.

C. Calcaire jurassique (tithonique).

E. Éboulis et poudingues.

N'ayant que rapidement visité les versants NE et SE de la montagne, je ne saurais qu'accepter l'interprétation de M. Rolland, non toutefois sans faire des réserves absolues sur l'âge de ce Tertiaire, car mon savant collègue de mission a marqué comme Éocène, sur la carte publiée pour le Service géologique d'Italie, presque toute la presqu'île du cap Bon et une grande partie du Nord de la Régence; or, au cap Bon, je n'ai su trouver que du Miocène, du Pliocène et du Quaternaire et, dans la région Nord, l'affleurement extrême des marnes et calcaires à Nummulites se trouve au Djebel Takent, à environ 27 kilomètres NE de Béja, formant une pointe étroite.

Loin de nier la «faille du Zaghouan» je lui donne plus d'importance que ne le faisait M. Rolland, puisque les terrains soulevés et mis en contact avec le Tertiaire sont reconnus jurassiques au lieu d'être crétacés; seulement, au lieu d'une faille rectiligne, j'en vois une en boutonnière, pour me servir de l'expression si heureusement introduite par M. de Lapparent; elle circonscrit le massif jurassique soulevé, le mettant en contact, sur le versant NO, avec le Crétacé inférieur et, sur le versant SE, avec le Tertiaire et peut-être quelques lambeaux de Crétacé; de plus, le massif jurassique est fortement haché de fractures et brisures d'un ordre secondaire, qui en rendent, au premier abord, la stratigraphie assez difficile à comprendre et donnent des coupes absolument différentes, prises seulement à quelques centaines de mètres les unes des autres.

El-Locanda, 1er mai. — J'ai quitté Zaghouan hier matin, ayant commis une imprudence qui aurait pu me coûter plus que des désagréments; j'avais envoyé mes mulets du train, avec leur conducteur et un garde indigène, par la route d'étapes, à El-Locanda; je devais les rejoindre dans la journée, désirant passer par le pied, revers NO, du Zaghouan; je me suis laissé entraîner à grimper fort haut à la recherche des calcaires oxfordiens que j'ai pu recouper plusieurs fois; ils ont le même caractère noduleux, marneux et rougeâtre et sont là peu fossilifères; je n'y ai recueilli que quelques mauvais fragments d'Ammonites, néanmoins probantes. J'ai été arrêté par une profonde cassure infranchissable devant un affleurement puissant de ces mêmes couches et je n'ai malheureusement pu faire mes observations qu'à une centaine de mètres, mais avec une excellente longue-vue; toutefois, les allures de l'ensemble sont ici si différentes de ce que nous avons vu ces jours-ci, que je crois utile de reproduire une coupe, croquée sur place.

Coupe prise à 6 kil. SO de Zaghouan.

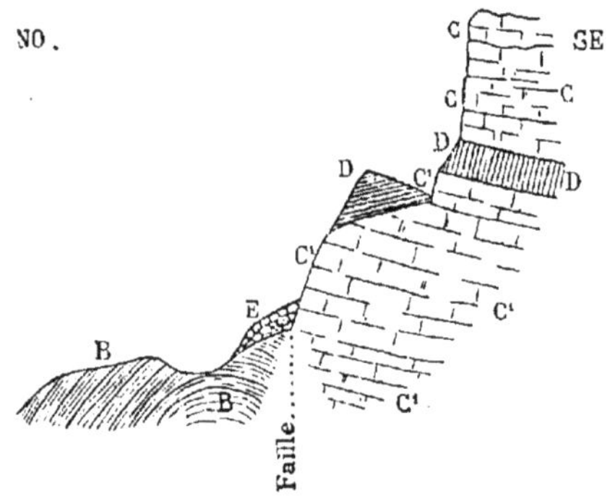

B. Marnes, grès et calcaires noduleux du Néocomien et de l'Aptien.
C. Calcaires jurassiques (tithoniques).
C'. Calcaires jurassiques (infra-oxfordiens).
D. Marnes, calcaires rouges de l'Oxfordien.
E. Éboulis masquant une faille.

Ici, une plus grande énergie dans le soulèvement permet de voir les calcaires inférieurs aux marnes de l'Oxfordien; leur facies est le même que celui des calcaires supérieurs; comme eux ils sont en bancs épais, bien réglés; je ne sais à quel terme de la série jurassique les reporter et serai forcé de m'en tenir à la vague appellation de Infra-oxfordien.

Sur ce point, les couches oxfordiennes sont bien développées; un lambeau, glissé sans doute de la couche supérieure, forme un cône étrange, d'un aspect rutilant, se voyant de fort loin; c'est de ce côté, facile à retrouver, que devraient, je crois, se porter les recherches du géologue et du paléontologue; il faudrait l'aborder par le SO, et guidé par un indigène; les sentiers sont difficiles, même dangereux, et le plus souvent n'aboutissent qu'à des fourneaux à charbon.

Il était déjà tard quand j'ai abordé la plaine ou plutôt ce qui me semblait tel, vu d'en haut; en réalité, ce n'est qu'un enchevêtrement de ravins plus ou moins profonds, broussailleux, très difficiles à traverser, d'autant plus que l'on est sans vue, sans point de direction.

J'y constate des marnes puissantes avec bancs subordonnés de calcaires noduleux, schisteux ou gréseux, que l'on doit, je crois, assimiler au Crétacé inférieur que nous venons d'observer; la stratification en a été fortement affectée par l'épisode du soulèvement jurassique; aussi est-elle tourmentée, plissée, hachée surtout au contact de la faille, quand les éboulis permettent de le constater.

Assez tard, j'arrivai à la route qui longe la conduite des eaux de Tunis; ne pouvant plus même distinguer les poteaux télégraphiques, à la nuit, j'étais complètement égaré; quoique me sachant près d'El-Locanda où je devais retrouver mon convoi, j'ai cru prudent de ne pas m'obstiner à chercher mon chemin, tellement il était embroussaillé et coupé par des Oueds aux berges escarpées. J'aid û passer une nuit longue et pénible dans le maquis, auprès d'un feu que j'ai pu à peu près entretenir jusqu'au jour, mal abrité d'un vent froid et violent et n'ayant rien à souper.

Dès que j'ai pu distinguer mon chemin, je me suis mis en route et suis bientôt arrivé à des gourbis où j'ai trouvé un guide pour me conduire à El-Locanda, dont je n'étais éloigné que de 2 kilomètres. On était fort inquiet de moi; le garde indigène était déjà parti pour Zaghouan afin de prévenir les autorités de ma disparition; j'expédie à Zaghouan un second messager qui, heureusement, arrive juste à temps pour arrêter les recherches qui allaient commencer en grand appareil civil et militaire.

Je dois mentionner, dans la région assez ravinée qui s'étend du Zaghouan à El-Locanda, de nombreux galets provenant des éboulis remaniés de la montagne; ils se présentent en nappes assez étendues, en cônes, sont souvent agglutinés, formant alors des poudingues.

Il y a aussi quelques dépôts superficiels de calcaires farineux exploités par les Arabes pour le blanchiment de leurs maisons; j'ai retrouvé partout de ces dépôts en forme de poches; leur genèse doit être analogue à celle des carapaces travertineuses : une action complexe physique et chimique.

Beni-Saïdam ou *Bordj-beni-Saïdam*, 2 mai. — El-Locanda, « la Cantine », est un poste de gardiens du canal des eaux de Tunis; j'en suis parti à 5 heures du soir, après un bon repas et quelques heures de sommeil qui m'ont fait vite oublier la fâcheuse mésaventure de la nuit; j'arrivais une heure et demie après à Bordj-beni-Saïdam; le cheikh étant absent, je suis reçu par un de ses parents, qui m'installe, tant bien que mal, dans une espèce de chambre-gourbi, où je serai possiblement pendant le séjour que je dois faire ici.

Par suite des instructions bienveillantes données par M. Lefebvre, directeur du service des forêts de la Régence, je trouvai, à mon arrivée à Bordj-beni-Saïdam, M. Moeurs, garde forestier français, qui était mis à ma disposition, pour tout le temps de mon exploration, comme guide, interprète et compagnon; à tous égards je suis enchanté de cette mesure gracieuse, qui devra me rendre les plus sérieux services, car on m'a dit le plus grand bien de M. Moeurs; il n'a pas toujours occupé une position aussi modeste et il a su l'accepter courageusement; il me semble plein d'ardeur et de bonne volonté.

De El-Locanda à Beni-Saïdam, rien de bien intéressant; des marnes et des grès peu cohérents d'un classement difficile; des galets, des travertins à l'état de carapace ou pulvérulents. C'est sur un petit mamelon composé de ces éléments qu'est bâti le petit village.

J'ai devant moi un massif puissant, atteignant 1,172 mètres, qui me semble la continuation géologique du Zaghouan; c'est un problème à résoudre et je m'y mettrai dès tantôt.

Je dois prévenir que sur la carte au $\frac{1}{200\,000}$, il y a une interversion entre les noms de Djebel Djoukar et Djebel Fkirin; le massif qui domine immédiatement Beni-Saïdam et l'Aïn Djoukar est le vrai Djebel Djoukar.

Je viens de faire une petite promenade jusqu'à l'Aïn Djoukar et même un peu plus loin à la recherche d'un gisement de fossiles néocomiens indiqué par Coquand; j'ai fini par trouver celui-là, ou un analogue, à 500 ou 600 mètres de Beni-Saïdam, le long du sentier de l'Aïn Djoukar et un peu à gauche; ce sont des marnes schisteuses se débitant en écailles, traversées par de nombreux filons ferrugineux en forme de «Chebka» (réseau); les échantillons sont rares et mal conservés, mais caractérisent indiscutablement le terrain : *Ammonites* aff. *Neocomiensis*, plusieurs Ammonites décrites par Coquand et qui se trouvent au Djebel Ouach et à Duvivier, en Algérie; quelques tronçons indéterminables de *Belemnites*, *Toxoceras*, *Rhynchonella*, etc.

Il y a tant de petits ravins découpant, peu profondément du reste, les marnes néocomiennes, qu'il est probable qu'on trouverait des coins plus riches; il faudrait un heureux hasard ou un renseignement difficile à obtenir des gens du pays qui n'ont aucune aptitude pour ce genre de recherches.

Il y a aussi, surtout vers l'Aïn Djoukar, de nombreux travertins puissants, durs, très tubulés, formant de petits plateaux ou monticules d'une certaine importance; ils ont été utilisés par les Romains, comme pierres de taille de grand appareil, pour le temple ou Nymphée de l'Aïn Djoukar, tête de sources abondantes qui, réunies à celles du Zaghouan, alimentent l'aqueduc de Tunis.

3 mai. — Nous partons à 7 heures du matin et remontons un long ravin au Sud du Bordj, nous engageant dans le massif du Djebel Djoukar; à l'entrée affleurent les marnes néocomiennes bientôt recouvertes par des travertins importants formant, dans les fonds, des poudingues avec les éléments roulés empruntés à la montagne dominante; cette montagne est, elle-même, formée par un calcaire compact, puissant, assez marmoréen, dans lequel je n'ai pu trouver de fossiles déterminables, mais ayant tellement le facies de celui du Djebel Zaghouan, qu'on peut le dire très vraisemblablement jurassique [1].

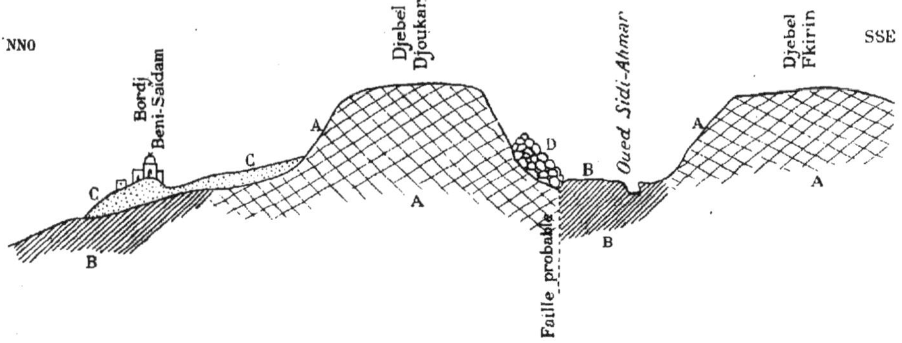

A. Calcaires jurassiques compacts.
B. Marnes néocomiennes.
C. Dépôt travertineux.
D. Éboulis.

Nous constatons la présence de puissants filons et dépôts métallifères depuis longtemps déjà signalés; leur masse est énorme, et quelles qu'en soient la teneur et la qualité, ils mériteraient d'être étudiés au point de vue industriel, le chemin de fer de Tunis à Kairouan devant faciliter le débouché de tous les nombreux produits du centre de la Régence.

Nous redescendons ensuite le versant SE de la montagne vers le Djebel Fkirin jusqu'à l'Aïn Sidi-Ahmar; un peu avant, un filon de cuivre carbonaté fournit de jolis échantillons de collection.

(1) M. le Dr Robin m'a donné ultérieurement deux Ammonites oxfordiennes provenant du Djebel Djoukar.

Dans la vallée étroite de l'Oued Sidi-Ahmar, on retrouve les marnes, probablement néocomiennes, dominées par les calcaires jurassiques du Djebel Fkirin; cet ensemble est identique à ce que nous venons de voir dans la traversée du Djebel Djoukar, qui. sur ce point, est connu dans le pays sous le nom de Djebel Beni-Saïdam. Nous rentrons par un ravin parallèle à celui que nous avons suivi à l'aller; il nous donne la même succession, à 1 kilomètre plus au SO.

Nous donnons ci-dessus, page 15, un diagramme schématique de notre exploration de la journée.

Henchir Es-Souar, 3 mai. — Ce matin, après avoir encore récolté quelques Ammonites dans les marnes néocomiennes peu fossilifères de Beni-Saïdam, je quitte à 11 heures cette localité pour aller camper, trois heures après, à Henchir Es-Souar, au milieu de ruines romaines importantes.

Les marnes néocomiennes grisâtres ou jaunâtres sont abondantes sur les versants NE des Djebels Djoukar et Fkirin; au-dessus se montrent des calcaires marneux, crayeux, blancs ou blanchâtres, en bancs bien réglés, avec des intercalations marneuses; je n'y ai pas trouvé de fossiles apparents; ils ont quelques analogies avec la craie supérieure à Inocérames; d'un autre côté, dans certaines régions de l'Algérie et même quelques points de la Tunisie [1], l'Aptien affecte souvent ce facies; on croit distinguer des Foraminifères que le microscope permettra d'étudier, mais la variation dans cette classe d'animaux n'est pas grande et je doute de pouvoir classer ce terrain avec ces données paléontologiques insuffisantes. Les ruines romaines de Es-Souar sont formées de matériaux empruntés à ces couches calcaires; ils n'offrent aucune résistance aux intempéries d'un climat aussi variable et s'effritent pitoyablement.

4 mai. — La nuit a été épouvantable; un ouragan de vent du Nord glacial; impossible de dormir; malgré les fortifications ingénieusement disposées pour consolider la tente, elle menace à chaque instant de nous coiffer. Ce matin il fait un peu moins mauvais et je vais en profiter pour tâcher de me rendre compte de ces calcaires blancs crayeux qui nous entourent; la stratigraphie consentira-t-elle à m'en dire plus que la paléontologie? Quelles sont leurs relations avec les marnes authentiquement néocomiennes?

Je reviens d'une longue tournée dans le NO de notre campement et le SE du Djebel Fkirin; la masse de celui-ci est évidemment de même

[1] Voir plus loin, p. 40.

nature que celles des Djebels Djoukar et Zaghouan, c'est-à-dire jurassique, et les effets du soulèvement similaires, traversant, sans s'en préoccuper, les terrains antérieurement superjacents.

J'ai trouvé, très développés au NO des ruines, les calcaires blancs, marneux, observés hier entre Beni-Saïdam et Es-Souar; ils forment là un chaînon dont la direction est à peu près NE-SO, avec des inclinaisons assez variables vers le NO.

Je remarque que tout autour du soulèvement jurassique, toutes les couches ont une tendance à se relever vers le centre, comme entraînées par la poussée; de là, les failles circulaires, dites «en boutonnière».

Les Djebels Bou-Kourneïn, Reças, Zaghouan, Djoukar, Fkirin forment autant d'îlots jurassiques, parfaitement circonscrits, égrenés en chapelet suivant une ligne de dislocation NE-SO, jouant un rôle très important dans l'orographie de la Tunisie et signalée par M. Rolland sous le nom de «faille du Zaghouan».

Djebibina, 4 mai. — J'ai dû quitter Es-Souar sans avoir pu résoudre le problème de l'âge des calcaires crayeux blancs; je n'ai pu y trouver que deux mauvais polypiers indéterminables; ils semblent en relations avec les marnes inférieures, sont hachés par de nombreuses petites failles secondaires... J'aime mieux avouer que je ne sais pas.

Nous sommes arrivés en trois heures à Djebibina, misérable amas de cahutes moitié pierre, moitié terre, couvertes de branchages, semées sans ordre au milieu de *Cactus* inhospitaliers; la sécheresse a été si grande que les terres ensemencées en blé, et ordinairement d'un grand rapport, n'ont même pas verdi et que toute la population valide a dû émigrer dans le Nord; il ne reste plus que quelques vieillards infirmes et des enfants; ma lettre beylicale me fait avoir bon accueil; c'est tout ce que je puis demander à ces pauvres gens affamés.

En quittant Es-Souar, on s'affranchit vite des calcaires blancs et l'on entre dans des marnes probablement tertiaires, puis l'on traverse pendant 2 ou 3 kilomètres un petit chaînon boisé courant NS, presque entièrement formé de grès avec quelques marnes et argiles subordonnées; c'est probablement encore tertiaire.

Dar-Ouled-Sidi-Fehrat, 5 mai. — Après une nuit rendue pénible par l'insistance de puces affamées, nous sommes partis à 7 h. 1/2 de Djebibina pour arriver, à 1 heure, à Dar-Ouled-Sidi-Fehrat, ayant traversé tout le temps une plaine désolée, sans la moindre végétation; et cependant elle est composée d'épaisses alluvions qui, ordinairement, donnent de magnifiques moissons à la condition d'avoir de l'eau; l'Oued Nechbam, qui la traverse et devrait l'arroser, n'est jamais à sec; il serait facile de faire quelques barrages, d'élever même les eaux, comme on le fait au cap Bon, avec des *Norias* mues par des animaux; que n'essaie-t-on les moteurs éoliens? Il y aurait beaucoup à faire, mais l'initiative individuelle ne saurait suffire même en l'éclairant, la dirigeant; le Gouvernement tunisien devrait, avant tout, créer un ministère des eaux!

L'accueil qui nous est fait à Dar-Ouled-Sidi-Fehrat est excellent, mais le domicile qui nous est assigné pour passer la nuit me semble menaçant de cohabitation.

Demain, j'espère que nous pourrons coucher à Kairouan, malgré la longueur de l'étape, environ 35 kilomètres.

De Kairouan à Makteur.

Kairouan, 6 mai. — Je suis arrivé hier, encore d'assez bonne heure, à Kairouan, sans presque quitter une plaine d'alluvions qui serait très riche à la condition d'être irriguée; un peu avant Kairouan, on traverse un petit plateau sableux de 3 kilomètres avec de très nombreux pseudo-tumuli, formés par l'ensablement successif de buissons de Lentisques qui servent de carcasse, de soutien aux apports du vent.

Je n'aborderai pas la géologie de la plaine et du plateau de Kairouan; il faudrait du loisir pour se rendre compte des actions complexes ayant contribué à sa genèse; je laisse la question à traiter à mes habiles collègues de mission, MM. Ph. Thomas et Rolland; je les prierai seulement de tenir compte de l'action des vents qui est, dans cette région, un puissant facteur d'érosion et de comblement.

Ain Cherichira, 12 mai. — Je suis resté cinq jours à Kairouan, sous prétexte de repos et de tourisme, et je dois déclarer qu'à ces deux points de vue, j'ai été absolument déçu.

L'auberge de Kairouan est aussi sale, aussi mauvaise, mal tenue, etc., que possible et aussi chère que le Grand-Hôtel de Tunis; heureusement que j'ai pu souvent manger proprement chez M. Tauchon, contrôleur civil, et chez les officiers de tirailleurs, dont l'accueil a été des plus aimables; je ne comprends pas que Kairouan, qui voit tous les ans de nombreux visiteurs (pendant que j'y étais il y avait trois membres de l'Institut : MM. de Villefosse, Perrot et Wallon), ne possède pas un hôtel à peu près possible.

Quant au côté tourisme, il n'a pas non plus eu lieu d'être satisfait; j'arrivais avec de grandes et poétiques idées sur Kairouan, la ville sainte, la ville si longtemps et si scrupuleusement fermée aux regards profanes des Infidèles; que pourrait bien être cette curieuse merveille?... Il m'a coûté d'avoir à perdre mes illusions.

Kairouan est une assez grande ville, plus propre, à rues plus larges et moins enchevêtrées qu'on n'aurait pu le désirer, l'espérer; des bâtisses trop correctes et sans style, des bazars sans originalité. On m'objectera, peut-être, les mosquées : elles sont très nombreuses à Kairouan, mais il n'y en a guère que deux à citer, à visiter.

Celle dite «du Barbier», en dehors de la ville, offre de jolis détails comme sculpture sur bois, affouillements de stuc; ses revêtements intérieurs en faïence sont d'une décoration, mais d'une date récente, de fabrication levantine ou persane, assez grossière.

Quant à la grande mosquée, d'un aspect tout autre, elle est difficile à décrire en quelques lignes : des portiques, sans architecture, supportés par des centaines de colonnes et chapiteaux romains de tous ordres, de tous modules et toutes matières, brutalement empruntés aux ruines des environs. Un *mirhab* très fin et quelques détails intéressants, à découvrir.....

On en a trop vite assez de Kairouan; les alentours immédiats de la ville sont d'un nu absolu comme végétation, les faubourgs ne sont composés que de monticules de détritus qui servent à chauffer les nombreux fours à briques et à poteries qui enserrent la cité.

Somme toute, j'ai quitté Kairouan sans le moindre regret et j'ai établi mon campement sous des oliviers séculaires, à la source du Cherichira, source utilisée par les Romains pour l'alimentation de la ville de Kairouan; c'est un travail que l'on reprend, mais dans des conditions si peu pratiques, vu le pays et ses ressources, que je doute fort de la durée de la réussite. Et il pleut, pour mes débuts.

Malgré un précieux topo du massif du Cherichira qui m'a été donné par M. Ph. Thomas et d'utiles renseignements fournis par M. E. de la Croix, j'avoue avoir erré toute la journée sans parvenir à y voir aussi clair que ces Messieurs.

L'*Ostrea crassissima* typique, mais fragmentée, est-elle en place ou remaniée? Au-dessus, une petite huître plissée, puis des sables; enfin des marnes rougeâtres puissantes, sans stratification apparente (avec moules d'*Helix*, m'a dit M. Thomas).

Au-dessous de l'*Ostrea crassissima*, en vrai banc, des sables et grès tendres, avec Scutelles et Amphiopées, d'une grande puissance; à leur base des sables plus ou moins grossiers avec de nombreux morceaux de bois silicifiés; au-dessous, des marnes gréseuses rougeâtres avec débris de *Pecten* qui semblent fossilifères; appartiennent-elles encore au Miocène subjacent? Sous ces marnes apparaît l'Éocène inférieur bien caractérisé avec *Ostrea multicostata*, Oursins, etc.; il est formé par des marnes et calcaires blancs, très développés, mais qui semblent faiblement discordants avec la série marneuse rouge supérieure.

A l'Est, un puissant ballon de boues gypsifères, aux tons crus, analogue aux dépôts éruptifs de Souk-Ahras, de la vallée de la Medjerda, près Béja, etc. La direction générale de l'ensemble est NNO-SSE, avec de nombreux petits dérangements qui tiennent probablement à l'épisode de l'éruption boueuse.

13 mai. — Excellente journée, bien employée, car je commence à comprendre l'ensemble du Cherichira; j'ai descendu la vallée de l'Oued Morra jusqu'à sa sortie du massif, ce qui m'en donne une bonne coupe.

De suite, après avoir dépassé la cluse miocène de l'entrée, on trouve, roulés dans les sables, des *Ostrea Clot-Beyi* et des fragments de bois silicifiés venant sans doute du dehors; cependant on trouve quelques gros blocs d'*O. Clot-Beyi* formant lumachelle, je n'oserais affirmer qu'ils sont en place, quoiqu'il y ait assez de dérangements dans les allures de l'ensemble pour que le fait soit possible.

Après viennent les calcaires marno-gréseux rougeâtres qui représentent le Nummulitique de MM. Thomas et de la Croix; j'avoue l'avoir méconnu hier, n'y ayant point observé les *Nummulites Lucasana*, ni les Échinides caractéristiques et le facies des *Pecten* étant plutôt miocène; aujourd'hui, j'ai fait ample moisson dans cette zone bizarre, car son facies ne me semble représenté que sur deux points de l'Afrique française, au Cherichira en Tunisie et au Kef Iroud en Algérie; sa position même, eu égard au Suessonien, si largement développé, est encore mal définie et ici elle n'est pas en concordance absolue avec le Suessonien sous-jacent, tandis qu'elle semble plutôt se relier au Miocène.

Quant au ballon gypseux du Djebel Aoualia, il est évidemment le résultat d'une éruption boueuse, phénomène curieux dont on voit de très nombreux exemples en Tunisie et en Algérie : gypse en amas, argiles bariolées de toutes nuances, paillettes de fer oligiste, cristaux de quartz bipyramidé, etc., le tout bouleversé, haché, rutilant, fantastique de ton et de lignes. Il y a aussi, et semblant avoir la même origine, des sables blancs en amas et filons qui traversent même les strates du Nummulitique ocreux du massif central, et qui semblent très peu roulés.

Le Miocène, au-dessous des couches à *Ostrea crassissima*, ne m'a donné que des fragments de Scutelles et d'Amphiopées.

Quant aux bois silicifiés, j'en ai recueilli de nombreux et beaux morceaux, surtout dans la dépression sableuse, à la base du Miocène, que M. Ph. Thomas croit avoir été un ancien lit de l'Oued Morra; je pense

Coupe figurative prise NO-SE le long de l'Oued Morra.

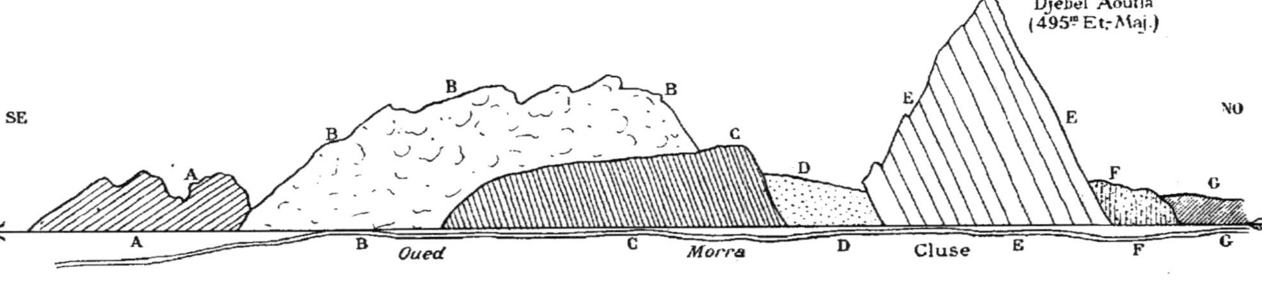

A. Suessonien avec lumachelles d'*Ostrea Clot-Beyi* et *O. multicostata* plus rares, dans un calcaire blanc, marneux, en bancs bien réglés.

B. Ballon d'éruption boueuse avec amas de gypse, quartz bipyramidé et sables éruptifs (?) subordonnés; s'étend à l'Ouest jusqu'à 12 kilomètres (m'a-t-on assuré), a quelques ramifications surtout sableuses entre l'Oued Morra et l'Oued Cherichira.

C. Calcaires marno-gréseux rougeâtres du Nummulitique; ils plongent NNO sous des angles divers; jusqu'à 80° sur la rive droite de l'Oued Morra et de 28° à 30° seulement dans le massif du Cherichira.

D. Sables détritiques et sables éruptifs (?), bois silicifiés.

E. Miocène; molasse et grès à Scutelles et, au-dessus, marnes à *Ostrea crassissima*, etc.

F. Marnes et sables passant sous les argiles rouges du Pliocène ou Quaternaire.

G. Marnes argileuses rougeâtres, sans stratification apparente; Pliocène ou Quaternaire; M. Thomas y a trouvé des moules d'*Helix Semperiana*.

que M. le professeur Fliche, à qui M. Thomas en a confié l'étude microscopique, saura nous les déterminer.

Je n'ai pu trouver ni me procurer un seul débris d'ossements de vertébrés; je ne suis pas même bien sûr du gisement de ceux rapportés par le colonel Finot[1] et M. de la Croix; d'après la gangue, ils paraissent plutôt appartenir à une couche de gros sable glaiseux à la base du Miocène, couche qui a été entamée lors des travaux de canalisation de la source; ils ont en tout cas été rencontrés au hasard et par hasard. M. de la Croix avait acquis la plupart des siens d'un ouvrier italien qui, occupé aux travaux de la prise d'eau, recueillait de ses camarades tous ceux que l'on avait pu rencontrer depuis une année.

Il n'y aurait, sur ces données si vagues, aucune chance de faire des fouilles fructueuses.

J'ai rapporté aujourd'hui, entre autres fossiles, un Nautile largement ombiliqué et à cloisons peu sinueuses du Nummulitique et un autre Nautile du groupe de *Nautilus Danicus* du Suessonien.

15 mai. — De la pluie pendant la nuit, de la pluie ce matin : mais je n'ai pas de temps à perdre, et après l'emballage de mes précédentes récoltes, je me mets en excursion; je tiens à voir la partie gauche de l'Oued Cherichira; ce massif me semble normal et facile à interpréter.

Coupe prise sur la rive gauche de l'Oued Cherichira.

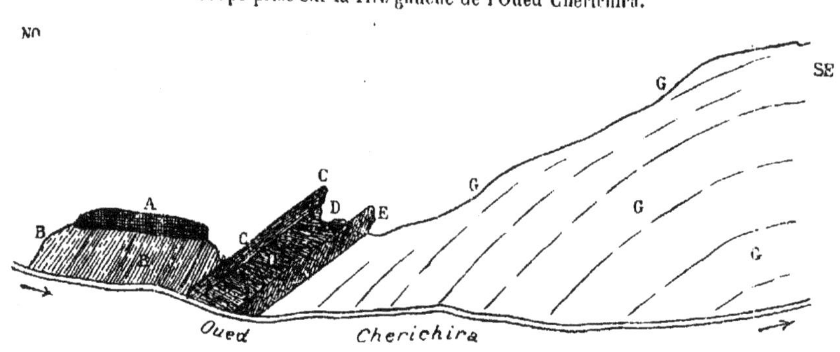

A. Marnes rougeâtres limoneuses non stratifiées; Pliocène ou Quaternaire.
B. Nummulitique peu développé ou masqué sur la rive gauche de l'Oued Cherichira.
C. Banc d'environ 2 mètres d'épaisseur : lumachelle d'*Ostrea Clot-Beyi*.
D. Marnes brunâtres d'environ 40 mètres. *Echinolampas Goujoni*, *Breynia* sp.
E. Lumachelle d'environ 2 mètres d'*Ostrea multicostata*.
G. Calcaires blancs avec intercalations marneuses; assez nombreux Échinides cantonnés par banc : *Thagastea Wetterlei* et *Echinolampas Goujoni*.

[1] La belle tête de *Mastodon Cherichirensis* qui est au Muséum.

Coupe figurative prise NO-SE le long de l'Oued Cherichira.

A. Baraque-cantine.
B. Notre campement sous des gros oliviers à la tête de la source.
C. Sentier conduisant au four à plâtre, en suivant une faille.
D. Oued Cherichira.
E. Ancien lit de l'Oued Morra? (suivant M. Thomas), bois silicifiés.
F. Suessonien.
G. Nummulitique.
H. Miocène.
I. Argiles marneuses rougeâtres, non stratifiées; Pliocène ou Quaternaire.
J. Travertins.

Il y a discordance évidente entre le Suessonien CDEG et le Nummulitique B; on se rend compte de la faille qui sépare en deux parties le massif du Cherichira, laissant au Sud le Suessonien et au Nord le Nummulitique; sa direction est ENE-OSO; on la reconnaît très bien sur le sentier qui mène de l'Oued Cherichira à l'Oued Morra et au four à plâtre.

Pour le moment et afin de faire concorder, au point de vue de la terminologie, mon travail avec ceux de MM. Thomas et de la Croix, je me sers provisoirement des termes de Suessonien et Nummulitique, le second surtout n'ayant aucune raison d'être, car les Nummulites ne sauraient caractériser, pas plus que les Rudistes, un niveau net et précis.

Les calcaires blancs du Suessonien rencontrent le Nummulitique sous différents angles; un peu plus à l'Est, on a ceci :

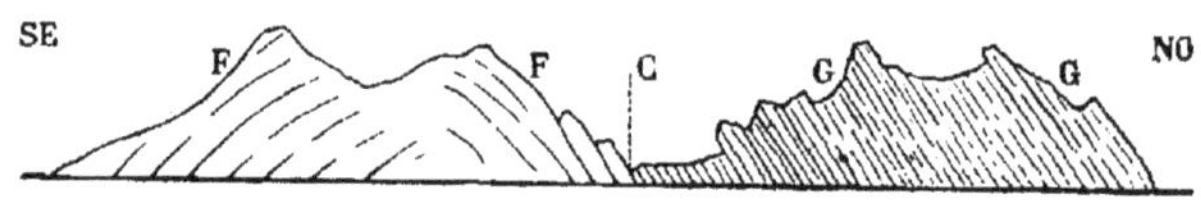

F. Suessonien.
G. Nummulitique.
C. Sentier allant au four à plâtre, suivant une faille.

Le soulèvement en voûte du Suessonien le met en contact normal avec le Nummulitique.

16 mai. — Je me suis décidé à rester encore un jour pour revoir quelques points de détail et je m'en félicite; j'ai trouvé dans les sables à la base du Miocène, à l'endroit que M. Thomas pense avoir été l'ancien lit de l'Oued Morra, de beaux et nombreux bois silicifiés, mais trop gros pour être transportables avec les moyens dont je dispose; puis j'ai été encore fouiller le Nummulitique, qui m'a fourni plus de 150 oursins, dont une cinquantaine de fort beaux : *Echinolampas Perrieri* de Loriol (c. c.), *Schizaster Africanus* de Loriol (assez rare et presque toujours écrasé), *Euspatangus Meslei* Gauthier (r.), *E. Cossoni* Gauthier (r.), *Orthechinus Tunetanus* Gauthier (r. r.).

Il serait fort intéressant de pouvoir reproduire ici le plan-croquis du massif du Cherichira, qu'avait bien voulu me confier M. Ph. Thomas, d'autant plus que pour la stratigraphie nous sommes complètement d'accord et que s'il y a entre nous quelques petites divergences, elles ne portent que sur des questions de détail.

Oued Zabbès, 17 mai. — Nous quittons ce matin, avec regret, les beaux et intéressants gisements du Cherichira; jusqu'à l'Oued Zabbès on traverse des plateaux, ravinés profondément, d'une argile siliceuse rougeâtre, à stratification confuse, analogue à ce que j'ai vu au Nord du Cherichira, et où M. Thomas a recueilli des moules d'*Helix* aff. *Semperiana* Crosse. Quant à moi, je n'ai su y trouver ni *Helix* ni autres corps organisés; elle doit être pliocène ou quaternaire et est souvent recouverte par de puissants dépôts travertineux, par des alluvions récentes, par des sables formant dunes et plantés de *Cactus* fort pénibles à franchir; çà et là quelques pointements de molasse miocène sans importance. Jusqu'à Zabbès, j'ai trouvé des morceaux de bois silicifiés, épars sur le sol.

Nous plantons notre tente sur les rives de l'Oued Zabbès, rives encaissées qui sont formées, à la base, par des marnes argileuses d'un âge indéterminé, mais, en tout cas, antéquaternaires, puisqu'elles sont surmontées, en discordance, par les argiles sableuses rougeâtres précitées qui ne sont pas stratifiées; au-dessus, des sables blancs plus ou moins agglutinés renfermant des *Helix* de formes actuelles.

Avant de quitter le campement de l'Oued Zabbès, j'ai été reconnaître quelques ruines romaines perchées à une cinquantaine de mètres du niveau de la rivière, sur sa berge escarpée; reposant sur des marnes peu consistantes, elles ont été à peu près complètement détruites par les éboulements, et de gros pans de muraille gisent, presque pas disloqués, dans tous les ravins environnants, dans le lit même de la rivière. Ce qui m'a le plus frappé, c'est une charmante baignoire, toute revêtue d'une mosaïque assez fine, blanche avec rinceaux et ornements noirs, d'une forme toute particulière rappelant beaucoup plus le bain de siège que la baignoire; un carré de 1 m. 50 environ, profond de 0 m. 70 du côté de l'entrée qui est en doucine; les trois autres côtés sont plus haut, ayant environ 1 m. 40; ils ont chacun une petite niche, toujours mosaïquée, pour déposer probablement les objets de toilette; une autre baignoire, de la même forme, se trouve à côté; elle est en plus mauvais état et simplement stuquée.

Après cette intéressante visite, nous nous dirigeons vers le Fondouk, où nous trouvons un Khalifa dont l'accueil est plus que médiocre. Aussi, après quelques pourparlers assez aigres, nous nous décidons à aller chercher, un peu au hasard, un lieu de campement plus à portée du Djebel Trozza, notre objectif.

Nous le trouvons dans la partie Nord du massif, sur les bords de l'Oued Saïd, et pendant que mon monde s'occupe de l'installation, je vais faire une première reconnaissance droit au Sud en suivant un ravin qui me donne une assez bonne coupe de la base du Suessonien.

Oued Saïd (la rivière du lion), 19 mai. — Tel est le nom pompeux de l'Oued sur les bords duquel nous campons; rivière, hélas, sans eau, mais sans lion, Dieu merci; malgré cela, quatre indigènes veillaient cette nuit à notre sécurité. Bonnes gens, bon campement, mais les ressources culinaires sont assez restreintes; j'ai acheté hier un agneau pour 28 sous, et nous allons avoir à nous en nourrir pendant un jour ou deux; cette «cuisinaille» de campement me dégoûte un peu; on assiste de trop près à sa fabrication; je m'en tire heureusement avec du pain et du chocolat.

Mais point ne s'agit de tous ces détails oiseux : parti à 7 heures du matin avec M. Moeurs, nous ne rentrons à la tente qu'à 4 heures, après une laborieuse ascension au Djebel Trozza; la coupe m'en paraît assez simple au moins dans la partie Nord du massif central, n'ayant pu vérifier le versant Sud. En remontant le ravin de l'Oued Saïd, nous trouvons successivement :

1° Des calcaires noduleux et marneux avec *Ostrea multicostata*, *Carolia* et une grosse huître, toujours brisée, ressemblant tout à fait à l'*Ostrea crassissima*;

2° Des calcaires siliceux en bancs épais avec rognons de silex;

3° Calcaires blancs marneux avec grosses *Thersitea ponderosa*, *Rostellaria* aff. *macroptera* Lmk, cristaux de quartz;

4° Des grès et sables non fossilifères;

5° Des calcaires gréseux blanchâtres avec Céphalopodes déroulés, et *Holaster,* fort mauvais, indéterminables spécifiquement, mais nous affirmant que nous sommes dans le Crétacé supérieur; nous ne le quittons pas en continuant à remonter vers le Sud; malgré une assez grande épaisseur de couches traversées, je constate à peine quelques légères différences dans le facies pétrologique, et la faune semble un peu plus ancienne, présentant *Hemiaster*, *Holectypus*, etc.; les bancs les plus inférieurs contiennent beaucoup de rognons siliceux. Tout se suit normalement; même direction, même inclinaison; quoique celle-ci soit plus faible dans le haut, on pressent déjà un bombement dans le massif, mais le temps nous manque pour le vérifier plus loin.

Cette coupe partielle du massif du Trozza suit en grande partie la direction du ravin de l'Oued Saïd; les nombreuses couches observées sont parfaitement concordantes et plongent sous un angle d'environ 30° vers le N 1/4 NO.

Je n'ai pu, dans cette coupe, tenir compte des éboulis souvent poudinguiformes, des travertins, des ensablements, non plus que des marnes rougeâtres précitées, malgré la très grande importance de ces dépôts.

Les couches ABC appartiennent incontestablement au Crétacé supérieur; quant aux sables et grès marqués D, malgré leur importance (ils ont plus de 100 mètres), je n'ai pu y trouver de restes organisés et je ne sais

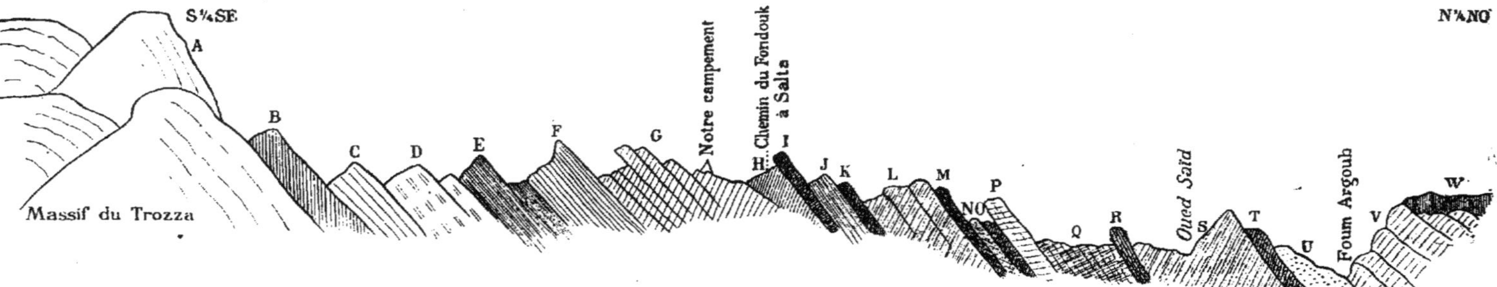

A. Calcaires compacts à rognons siliceux formant la masse du massif; *Holectypus* sp., *Hemiaster* sp.
B. Calcaires plus ou moins durs assez cristallins; quelques Échinides : *Pseudo-Holaster Meslei* Gauthier, *Echinoconus* sp., *Hemiaster* sp.
C. Calcaires marno-gréseux; Céphalopodes déroulés, *Inoceramus* sp., *Cardiaster* sp., *Hemiaster* sp.
D. Grès sableux et sables; non fossilifères?
E. Calcaires marneux, noduleux et marnes; *Thersitea ponderosa* Coquand, *Rostellaria* aff. *macroptera* Lmk, cristaux de quartz.
F. Calcaires siliceux en bancs épais, avec rognons de silex.
G. Calcaires noduleux et marneux avec *Carolia placunoïdes* (1) Cantraine, *Ostrea multicostata*, *Ostrea* sp. (2).
H. Marnes avec quelques *Ostrea multicostata* et de très nombreuses *Carolia*, généralement petites.
I. Lumachelle dure de petites huîtres.
J. Marnes argileuses.
K. Lumachelle d'une *Ostrea* du groupe de l'*O. Clot-Beyi* Bellardi, plus grosse que le type et qui doit en être ou l'adulte ou une variété.
L. Marnes avec quelques bancs gréseux.
M. Lumachelle d'*Ostrea multicostata*.
N. Marnes (10 mètres).
O. Lumachelle d'*Ostrea Clot-Beyi*, type normal.
P. Calcaires jaunes, marneux, grumeleux, assez fossilifères : *Solarium* sp., *Avellana* sp., *Turritella* sp., *Crepidula* sp., *Thersitea strombiformis* Pomel; *Lithodomus*, *Cyprina*, *Nucula*, *Pectunculus*, *Lucina*, etc., sp.; *Echinolampas Goujoni* Pomel; *Anisaster gibberulus* Cotteau (nouveau pour la Tunisie); *Schizaster Africanus* de Loriol (junior); *Breynia Meslei*; Gauthier nov. sp.; quelques *Ostrea multicostata* et *Clot-Beyi*.
Q. Marnes.
R. Lumachelle de grosses *Carolia* dont quelques-unes dépassent 20 centimètres.
S. Marnes avec quelques intercalations de calcaire coquillier.
T. Lumachelle d'*Ostrea multicostata*.
U. Marnes très gypsifères.
V. Grès peu durs, en bancs assez épais.
W. Formation limoneuse rougeâtre, à stratification confuse, même nulle, semblable à celle si développée au Nord du Cherichira et dans toute la plaine jusqu'au Djebel Trozza; Pliocène ou Quaternaire? Loëss? Sur le revers Nord du Djebel Trozza, à une assez grande altitude, on en voit des placages, en forme de terrasses importantes, fortement ravinées par les torrents éventuels qui descendent de la montagne; c'est dans le lit de ceux-ci, qui est généralement perpendiculaire aux strates, que l'on peut étudier l'Éocène subjacent.

(1) C'est une espèce parfaitement établie dès 1834, par Cantraine; elle a été revue et étudiée à nouveau par M. le Dr Fischer dans le *Journal de conchyliologie*; nous ignorons pourquoi M. Locard vient de créer le nom de *Placuna cymbalea* pour l'espèce de Tunisie.

(2) Très grande espèce épaisse, si voisine de l'*Ostrea crassissima* qu'on a dû souvent s'y méprendre; j'ai pu la retrouver dans plusieurs autres gisements éocènes de la Tunisie.

s'ils appartiennent encore au Crétacé ou s'il faut les considérer comme la base de l'Éocène.

L'Éocène est représenté par les couches de E à U, et l'ensemble et la continuité de la faune nous permettent de les attribuer à la partie inférieure du système, c'est-à-dire au Suessonien [1], qui, ici, peut avoir de 800 à 900 mètres de puissance.

Quant aux grès supérieurs V, quoique dépourvus de fossiles, l'analogie de facies avec les grès franchement miocènes du Cherichira, la proximité et l'analogie des deux gisements me les font, presque sans hésitation, assimiler à ceux-ci.

20 mai. — Je suis resté ici un jour de plus que je ne pensais; je désirais revoir quelques points de la partie Nord de ma coupe et recueillir encore quelques fossiles. J'ai donc redescendu le ravin de l'Oued Saïd et j'ai retrouvé toutes mes couches comme je les avais comprises hier; j'ai pu recueillir quelques beaux échantillons de *Carolia.*

Après quelques brusques contours dont ma coupe n'a pu tenir compte, l'Oued Saïd, quand il a de l'eau, se déverse dans l'Oued El-Hammam, grand collecteur courant de l'Est à l'Ouest, formant le Foum Argoub des cartes et se jetant dans l'Oued Zabbès. J'espérais arriver jusqu'au Nummulitique, revoyant le facies de celui que je venais de visiter au Cherichira, mais je n'ai pas eu le succès que j'attendais; je crois qu'il n'existe sous cette forme que là et au Djebel Nasser-Allah (d'après M. Thomas) en Tunisie et au Kef Iroud en Algérie; ce n'est qu'un accident, un épisode.

Sidi-Noggués, 21 mai. — Toute petite étape; mais il serait trop long et trop fatigant de pousser aujourd'hui jusqu'à Sidi-bel-Abbès; nous arrivons de bonne heure, de trop bonne heure même, car le pays est fort laid et il n'y a pas d'observations intéressantes à espérer; des sables arides, des alluvions rougeâtres et comme végétation une immensité de *Cactus* rébarbatifs; leurs fruits seront la seule nourriture des Arabes de la localité pendant quatre mois, surtout dans une année de disette comme celle-ci.

Sidi-bel-Abbès, 22 mai. — Nous campons près d'une belle source à

[1] M. Ph. Thomas, dans une note sur les roches ophitiques du Sud de la Tunisie, (*Bulletin de la Société géologique*, avril 1891), attribue au Nummulitique les couches P à V de ma coupe. Il se base, je crois, sur la présence de *Schizaster Africanus* junior en P; je ne pense pas que la présence d'un seul fossile nummulitique au Cherichira puisse infirmer le témoignage des nombreux bancs d'*Ostrea multicostata*, d'*O. Clot-Beyi*, de *Carolia* qui sont au-dessus et que nous sommes d'accord pour considérer comme caractérisant le Suessonien.

800 mètres d'altitude; la vue est très étendue; nous avons devant nous, au Sud, un gros massif qu'il serait intéressant de vérifier, mais mon programme me force à gagner le Nord; je me console en espérant qu'il a dû être exploré par M. Thomas.

En quittant Sidi-Noggués, les premiers kilomètres se font dans le «Loëss rouge» (il faut bien, provisoirement au moins, donner un nom à ce terrain ou facies de terrain), lequel est recouvert, par places, par un travertin blanc assez puissant. Un peu avant l'Oued Reïgma apparaissent des bancs de grès blancs, tendres, courant à peu près NS; puis vers l'Oued Della ou Kerma, des calcaires grumeleux blanchâtres, analogues à ceux observés au Nord du Djebel Trozza et ne contenant que de rares *Ostrea* du Suessonien, ensuite des marnes en lumachelles à *Ostrea Clot-Beyi;* l'inclinaison des couches n'est guère que de 10° à 15° vers le NE; on suit ces couches fossilifères jusqu'à Sidi-bel-Abbès; un vrai déluge d'huîtres et en excellents échantillons. En approchant de la montagne, on voit, au-dessus des marnes à *Ostrea Clot-Beyi,* des calcaires puissants, durs, plutôt lithographiques que saccharoïdes, avec quelques bancs un peu gréseux; le tout semble sans fossiles et je ne suis pas encore à même de me prononcer sur leur relation avec les autres termes de la série. Les dernières assises du sommet forment un abrupt puissant; l'inclinaison en est peu forte et vers le NE. Dans les marnes à *Ostrea Clot-Beyi*, on trouve des rognons gypseux (?), radiés, très curieux, dont je rapporte des échantillons à étudier.

Fondouk Kef Rezaï, 24 mai. — Hier matin, j'ai quitté le campement de Sidi-bel-Abbès après avoir opéré à l'Ouest une reconnaissance de quelques kilomètres; elle ne m'a pas appris grand'chose; les sommets forment des abrupts en calcaire dur, sans fossiles apparents; pas trace de Nummulites; serions-nous à nouveau dans le Crétacé? Au-dessous, les bancs semblent plus marneux, gréseux même; les éboulis gênent beaucoup les observations.

Un sentier difficile qui passe derrière la Kouba permet d'aborder la crête de la montagne; cette crête est formée par une falaise en calcaire blanc, dur, sonore. Je laisse filer mon convoi avec un guide et me mets, au hasard, en exploration. Le résultat en a été tout différent de ce que je pensais hier; les calcaires supérieurs ne doivent pas être nummulitiques, mais crétacés, car sur le plateau, je leur trouve superposé du Suessonien à grosses *Thersitea* et à *Ostrea multicostata;* en redescendant le plateau vers l'Ouest et l'Oued Masseunna, ces calcaires crétacés deviennent moins durs, moins épais; ils montrent de nombreuses alternances marneuses; j'y ai constaté des Inocérames et des traces d'Ammonites, plus un *Plesiaster*

Peini; toutes ces assises inférieures sont très ravinées, confuses et embrouillées.

On ne tarde pas, en approchant de l'Oued Masseunna, dont le cours suit probablement une faille, à retrouver les marnes et lumachelles à *Ostrea Clot-Beyi* et cela jusqu'au Bordj où réapparaissent les calcaires crétacés.

Voici à peu près ce que l'on voit en regardant les hauteurs qui dominent au Nord Sidi-bel-Abbès :

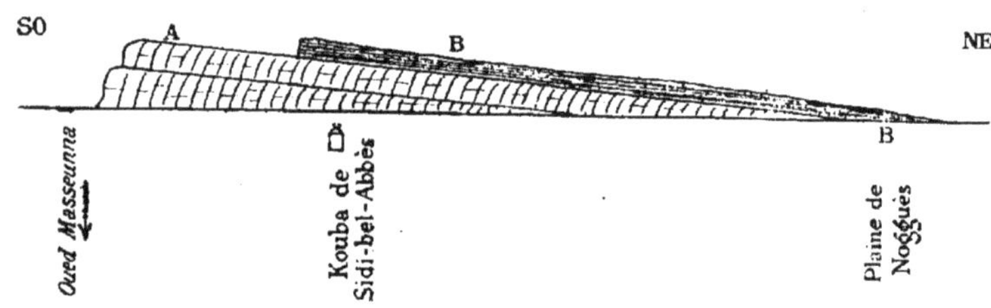

A. Calcaires crétacés.

B. Suessonien calcaire et marneux plongeant vers le NE; avec *Thersitea ponderosa* et *Ostrea multicostata* sur le plateau et *Ostrea Clot-Beyi* abondantes dans la plaine de Sidi-Noggués, où les marnes sont très développées.

Ce matin j'ai remonté un ravin au Nord du Fondouk et je n'y ai rencontré que du Suessonien; des lumachelles d'*Ostrea*, très brisées, dont *O. multicostata*, puis un banc de cette grosse huître analogue à l'*O. crassissima*, déjà citée; elle est toujours fragmentée.

Les bagages du capitaine Bordier, contrôleur civil à Makteur, viennent de passer, se dirigeant vers Tala où il doit les rejoindre; je regrette de n'avoir pas été informé de ce voyage auquel j'aurais pu utilement m'associer.

Bordj Debbich, 25 mai. — J'ai quitté le détestable campement du Fondouk Kef Rezaï vers 1 heure et j'ai pris le revers Est du Kef Rezaï (1,438^{m} Ét.-Maj.); pendant quelques kilomètres on ne quitte pas le Suessonien, caractérisé par ses nombreuses huîtres; on suit facilement ces couches, à l'œil, presque jusqu'au haut de la montagne; à son sommet, un dernier petit piton semble être en un calcaire plus dur que les couches inférieures, généralement marneuses; est-ce enfin le Nummulitique? Je n'ai pas le loisir de l'aller vérifier.

Du Suessonien on passe insensiblement à des marnes grises, bleuâtres, avec nombreux bancs ou lits subordonnés de calcaires marneux, en rognons ou en plaques très fissiles allant jusqu'au facies ardoisier; l'ensemble est fortement raviné et a tant d'analogie avec les couches visitées hier à l'Est, sur la rive gauche de l'Oued Masseunna, à la base du Djebel Djeldjil, que je n'hésite pas, malgré le manque de fossiles, à en faire du Crétacé supérieur.

Je suis pris par une forte pluie et j'arrive en pleine nuit, trempé, à mon campement où je trouve ma tente dressée et un bon feu ; puis le Caïd auprès du Bordj duquel nous sommes installés, et qui est un monsieur civilisé, nous envoie une excellente Diffa.

26 mai. — Il a plu toute la nuit et malgré de grands feux nous avons de la peine à nous *déshumidifier*. Dans la journée, je profite d'une embellie relative pour visiter les environs. Je remonte à l'Ouest du Bordj, vers les crêtes du Kef Mouella ; je rencontre d'abord des calcaires durs à rognons siliceux assez semblables à ceux du Djebel Sidi-bel-Abbès ; puis des marnes grisâtres et des calcaires marneux, tantôt en gros rognons, tantôt fissiles et tabulaires ; c'est bien le facies normal des calcaires à Inocérames ; le tout est très raviné. Je remonte jusqu'à un petit col au Nord du Kef Mouella et je me trouve enfin en présence des calcaires nummulitiques, à Nummulites ; le problème est d'autant plus intéressant que dans les calcaires qui forment le sommet du Kef (1,355^{m} Ét.-Maj.) il n'y a pas de Nummulites et que j'y trouve un Inocérame. Sur ces calcaires à Inocérames, il y a des marnes dures et des calcaires, sans doute phosphatés, puis des assises calcaires à petits nodules phosphatés, à dents de poissons et enfin des calcaires à nombreuses Nummulites.

Quoique les éboulis et la végétation rendent difficiles les observations, je puis affirmer, qu'ici, la série se présente telle que je l'indique ; les couches plongent de 25 à 30 degrés vers le N-NO.

Je continue ma coupe, dans la direction du plongement, me dirigeant vers le Kef Suchan (1,295^{m} Ét.-Maj.) ; un col profond me remet en présence des calcaires crétacés ; puis, des éboulis, des broussailles et un petit lambeau de Suessonien à moules de Gastéropodes et lumachelle d'*Ostrea*, dont je ne puis bien m'expliquer normalement la présence.

La vallée traversée, on remonte brusquement vers le Kef Suchan ; malgré les éboulis, on voit çà et là poindre les calcaires crétacés, dont la direction semble un peu changer, leur inclinaison étant vers le Nord ; la crête est nummulitique, mais on ne peut observer au-dessous les couches phosphatées, qui sont masquées.

Le lambeau suessonien m'intrigue et me gêne, ne pouvant voir son substratum masqué par les éboulis ; mais après avoir relevé avec soin l'inclinaison des strates, je me rends facilement compte qu'il appartient aux calcaires et marnes grises, vus directement au-dessus des calcaires à Inocérames et dans lesquels j'avais aperçu quelques traces de fossiles ; il

Coupe du Kef Mouella au Kef Suchan.

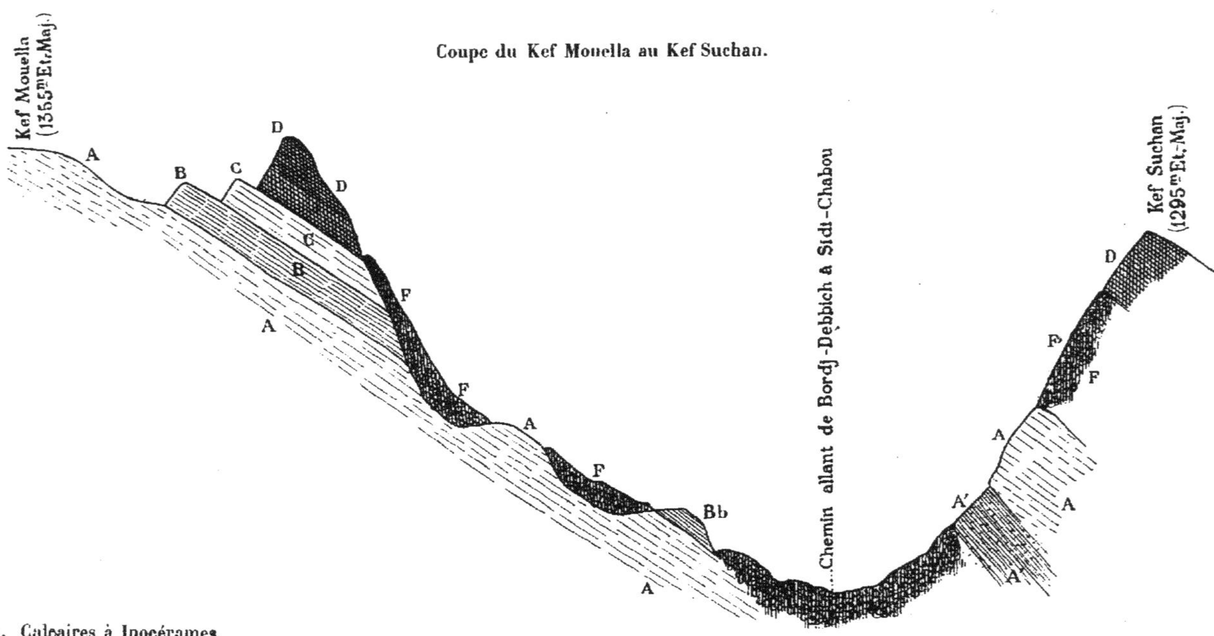

A. Calcaires à Inocérames.

A'. Marnes subordonnées aux calcaires à Inocérames qui leur sont supérieurs; quelques bancs de calcaires rognoneux ou quelquefois tubulaires.

B. Marnes assez dures, grisâtres, avec calcaires marneux, plus ou moins phosphatées, quelques traces de fossiles.

C. Calcaires durs avec petits nodules phosphatés, dents de poissons.

D. Calcaires nummulitiques avec nombreuses Nummulites bien conservées, surtout au Kef Suchan.

F. Éboulis.

Bb. Lambeau suessonien se rattachant à la couche B, moules de petites Thersitées et autres Gastéropodes, lumachelle de petites huîtres.

est donc ici dans sa position normale et je n'aurai heureusement à invoquer ni faille, ni pli couché.

27 mai. — De la pluie toute la nuit et elle continue ce matin; je suis désorienté, car pour gagner Souk-el-Djema, il me faut traverser une plaine argileuse avec nombreux ravins; dans ces conditions, la route peut, non seulement être difficile et dangereuse, mais être même impraticable. Puis j'ai perdu hier, dans la broussaille, mon marteau, un vieux et commode compagnon avec lequel je faisais bonne besogne et bon ménage depuis bien des années. Ces petites contrariétés prennent malheureusement trop d'importance dans la solitude; on serait tenté de les élever au rang de malheur. En tout cas, c'est fort désagréable, car nous n'avons plus qu'un marteau pour deux.

Souk-el-Djema, 28 mai. — Je me suis décidé hier dans l'après-midi à continuer ma route vers Souk-el-Djema, que l'on m'avait dit être un centre de ravitaillement, un lieu de repos, de ressources.

J'ai eu tout le temps de la pluie; la marche était pénible dans ces marnes argileuses collantes; mes observations de route se sont ressenties de ces misères: elles ont été sommaires. Pendant 6 à 8 kilomètres, on ne quitte pas les marnes et argiles du Crétacé supérieur, puis on entre dans les argiles suessoniennes à lumachelles d'*Ostrea Clot-Beyi;* on trouve ensuite quelques bancs gréseux, de position mal définie, qui pourraient bien être rapprochés de ceux qui, au Djebel Trozza, séparent le Crétacé supérieur de l'Eocène et se retrouvent, probablement dans la même position entre Sidi-Noggués et Sidi-bel-Abbès. Ensuite on rentre dans les calcaires à Inocérames sur lesquels est bâti l'établissement militaire de Souk-el-Djema (789^{m} Ét.-Maj.).

Je me suis installé misérablement dans la cantine de l'endroit; c'est sale et boueux, mais j'avais négligé de me munir de lettres d'introduction pour les officiers du poste.

J'ai été si mal cette nuit, dans un grand hangar, au milieu de tonneaux d'huile, de vin, de goudron, de caisses effondrées, de bidons de pétrole, de rats, de poules, de pigeons, etc., que le matin j'envoyais une dépêche au commandant de Labonne, pour lui signaler ma détresse; peu après, le détachement du 4e chasseurs m'installait fort aimablement dans une chambre d'officier, à l'infirmerie, et me donnait place à la popote.

D'énormes pitons de la craie surmontés d'une puissante assise de calcaires à Nummulites, formant des plateaux abrupts, donnent à la région un aspect tout particulier; ces gigantesques témoins d'érosions d'une extrême intensité sont nommés par les Arabes Guelaa, Guelaat; tels sont les Guelaats El-Souk, Djounès, El-Harrat, etc. qui atteignent jusqu'à 1,350 mètres d'altitude.

J'ai été visiter le poste du télégraphe optique que l'on est en train d'établir sur le Guelaat El-Souk, piton isolé abrupt qui domine le village au NE.

Toute la base du Guelaat El-Souk est en calcaire à Inocérames, marneux d'abord, puis de plus en plus dur en montant; la falaise qui le circonscrit semble être aussi en calcaire crétacé supérieur et forme un abrupt de plus de 25 mètres, d'un curieux aspect; ce n'est que sur le plateau étroit du sommet, où l'on accède très difficilement, que l'on trouve quelques bancs de calcaire nummulitique semblant reposer, très concordants et sans intermédiaire, sur le Crétacé (?) dur, sous-jacent; mais ici l'observation est difficile et je ne saurais qu'indiquer une probabilité.

A 2 heures, je me mets en route pour Makteur, en redescendant la série; toujours les calcaires à Inocérames, mais de plus en plus tendres et marneux; ils sont peu fossilifères; cependant on m'a montré des *Plesiaster Peini* trouvés à ce niveau, près de Makteur. Tout cet ensemble plonge vers le Nord sous un angle très petit.

Un gros orage me surprend et j'arrive trempé chez M. le capitaine Bordier, contrôleur civil de Makteur, qui est resté plus capitaine qu'il n'est contrôleur, tout en étant des plus civils et en gouvernant fort bien son territoire.

Je reçois de sa part et de celle de Mme Bordier l'accueil le plus hospitalier; campés dans les ruines d'une importante cité romaine, ils ont utilisé pour leur installation les vastes voûtes d'une construction antique.

De Makteur à Teboursouk.

Makteur, 29 mai. — J'ai été visiter avec M. Bordier le petit Kef de Makteur dont le sommet est en calcaires durs du Sénonien; on n'arrive pas ici jusqu'au Nummulitique.

Les ruines de l'ancienne cité de Mactaritanum sont des plus intéressantes; elles recouvrent une vaste étendue de terrain et témoignent d'une ville importante; on y remarque l'arc de triomphe de Trajan, dont on a muré les arcades pour y installer le bureau du Contrôle, de nombreux mausolées, des restes indéchiffrables de monuments en pierres énormes, des quantités d'inscriptions; intelligent et zélé, M. Bordier saura tirer de tout cela, quand il en aura le loisir, un bon parti scientifique et même pratique.

Souk-el-Djema, 30 mai. — Je suis rentré hier au soir de Makteur, n'ayant observé, pas plus au retour qu'à l'aller, autre chose que des alternances de calcaires blancs, marneux et des marnes grises qui caractérisent le calcaire à Inocérames; la base est très argileuse, puis les couches calcaires deviennent de plus en plus rapprochées, se soudent, et finissent par former un dernier banc compact, siliceux qui termine ou semble terminer la série crétacée.

Aujourd'hui, je viens de passer huit heures à visiter la partie Ouest et SO du territoire de Souk-el-Djema et partout j'ai constaté la plus grande régularité dans la série; à la base, marnes très puissantes généralement grisâtres, quelquefois jaunâtres, avec quelques bancs de calcaires marneux blancs en gros rognons; puis le calcaire blanc noduleux domine, devient de plus en plus dur, compact, en bancs épais fournissant ou pouvant fournir de très beaux matériaux de construction; ce banc est souvent siliceux; au-dessus, des calcaires marneux, généralement gris, avec quelques petits nodules phosphatés, plus ou moins fossilifères; c'est un niveau précieux découvert et indiqué par M. Ph. Thomas. Il est parfois assez puissant comme sur le flanc SE du Djebel Harazza, mais toujours difficile à observer à cause des éboulis; la puissance de cet ensemble, qui, jusqu'à la couche phosphatée, appartient au Crétacé supérieur, est, comme l'a dit M. Rolland, au moins de 300 mètres.

Autour de Souk-el-Djema il est peu fossilifère, quelques rares Échinides, des traces d'Inocérames et de nombreux Foraminifères presque visibles à l'œil nu.

Les calcaires nummulitiques proprement dits ne se voient que sur les sommets les plus élevés : au Guelaat El-Souk, au Guelaat El-Harrat, sur les crêtes du Djebel Harazza, au Guelaat Djounès et peut-être aussi au Guelaat Nadour; mais là, de nombreuses et curieuses constructions(?) romaines m'ont distrait d'une observation sérieuse rendue du reste difficile par le masquage des éboulis et des ruines.

Au Guelaat El-Harrat la base des calcaires à Nummulites est plus marneuse que les couches supérieures qui sont plus ou moins dures et spathiques; cette base contient, outre de nombreux Foraminifères, de toutes petites Nummulites qui disparaissent en remontant la série pour faire place à de grands types différents d'espèces; le passage est insensible entre ces premières strates et les marnes grises phosphatées inférieures.

Ellez, 31 mai. — J'ai quitté ce matin à 9 heures le poste de Souk-el-Djema, en me dirigeant sur Ellez par la traverse; toujours les marnes et calcaires à Inocérames; une petite couche affleurant sur le sentier me donne quelques *Waldheimia* et *Rhynchonella*. On entre dans une gorge profonde qui, au Nord, débouche dans la plaine et, un peu avant, on se trouve en face de calcaires nummulitiques très importants; quelques couches sont plus marneuses et me permettent de recueillir de nombreux et bons échantillons de Nummulites; au-dessous, ou plutôt à la base de ce terme de l'Éocène, on remarque quelques couches marneuses grises, peut-être phosphatées, mais en tout cas, peu importantes.

Dans le calcaire nummulitique on voit, à droite, de curieuses grottes-abris servant d'asile aux troupeaux et habitées aussi par de nombreux pigeons et corbeaux.

En sortant de cette gorge, de ce Foum, en s'avançant toujours vers le Nord, on rencontre des marnes jaunâtres plongeant comme le massif crétacé et nummulitique que nous venons de quitter vers le N-NO et, d'apparence, bien concordantes; elles contiennent d'abord des débris de la grosse huître suessonienne, du groupe de l'*Ostrea crassissima*, déjà plusieurs fois observée; puis des bancs calcaires, noduleux avec *Ostrea multicostata* abondantes et *O.* aff. *Tunetana* Munier-Chalmas. Voici la coupe d'Ellez au Guelaat El-Harrat; tout en affirmant son exactitude, je n'ose l'interpréter en ce qui concerne la superposition des huîtres suessoniennes aux calcaires à Nummulites.

Coupe d'Ellez au Guelaat El-Harrat.

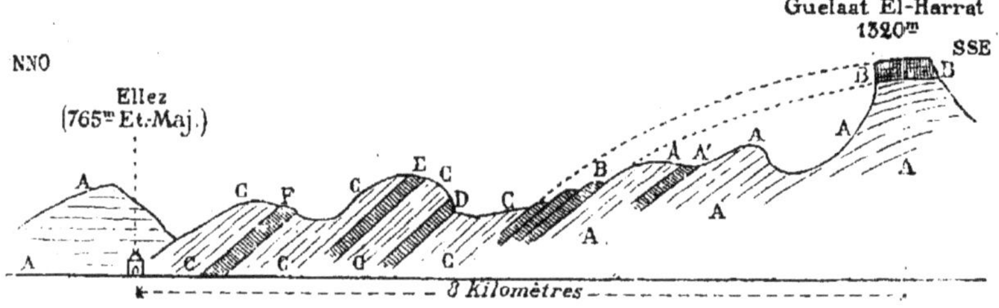

A. Crétacé supérieur à Inocérames.
A'. Petite zone à Brachiopodes.
B. Calcaires à Nummulites.
C. Marnes, calcaires marneux ou gréseux, argiles, de l'Éocène.
D. Couche à grosses *Ostrea*, voisines d'*Ostrea crassissima* et déjà signalées au Djebel Trozza.
E. Marnes et calcaires grumeleux à nombreuses *Ostrea multicostata*.
F. Banc marneux à *Ostrea* aff. *Tunetana* Munier-Chalmas.

La petite montagne qui est à l'Est d'Ellez est formée par les calcaires à Inocérames; leur plongement est ici vers l'Est.

Ellez possède des dolmen(?), allées couvertes(?), habitations(?), vastes restes mégalithiques du plus haut intérêt; ils ont été récemment étudiés par le conseiller Letourneux; leurs plans, coupes, etc. ont été exactement relevés par ce sagace explorateur qui avait bien voulu me les signaler. Un de ces monuments a une allée, ou plutôt un corridor central, et de chaque côté cinq chambres d'environ deux mètres carrés; les dalles des parois et du recouvrement sont énormes; il y en a qui ont quatre mètres de longueur sur deux de largeur; quant au semblant d'équarissage ou de dégrossissage, il tient à ce que les assises de calcaire à Inocérames, auxquelles les matériaux ont été empruntés, sont en bancs et blocs bien réglés.

Zemfour, 1er juin. — J'ai visité, ce matin, la petite montagne à l'Ouest d'Ellez, sur le sommet de laquelle on avait installé, dans les premiers temps de l'occupation, un poste militaire d'observation; elle est entièrement formée par le calcaire à Inocérames, avec un plongement de 15 à 28 degrés vers l'Est. Le plus curieux et le plus complet des monuments mégalithiques est à sa base.

Après cette petite reconnaissance, je pars pour Zemfour; jusqu'au delà de Menzel, on est sur les calcaires à Inocérames; puis vient une grande plaine à alluvions boueuses ou caillouteuses d'une épaisseur considérable; les berges de l'Oued Zemfour, qui entame fortement cette formation, nous permettent de lui assigner plus de vingt mètres de puissance.

Je venais à Zemfour pour tenter d'y retrouver le niveau à Céphalopodes déroulés et à *Micraster Aïchensis* signalé par M. Rolland « non loin de l'Oued Zanfour »; l'indication était un peu vague et j'ai pendant six heures visité le Djebel Laghma, tous les environs de l'Henchir sans avoir la chance de rencontrer ce gisement intéressant qui, sans doute, est assez restreint; je n'ai vu que des calcaires à Inocérames plus que probables, mais sans traces de fossiles; en revanche, les ruines romaines de Zemfour sont très importantes et fort curieuses: un reste de temple, trois portes monumentales, des piscines, etc.

Bordj-ben-Khalif, 2 juin. — Parti de bonne heure, je traverse jusqu'à Souk-el-Tleta des plaines d'alluvion et des marécages; il en est ainsi jusqu'à la Kouba de Sidi-Nasser-ben-Ahmar; là, nous rentrons dans le Crétacé supérieur jusqu'à notre campement que nous établissons dans un ravin, à quelques centaines de mètres au Sud de Bordj-ben-Khalif.

Après le déjeuner, je visite presque tout le massif du Djebel Sers, qui appartient entièrement à la craie supérieure, et l'Argoub Djouen (895m Ét.-Maj.) qui me montre un assez grand nombre d'empreintes d'Inocérames; le facies de cet ensemble est tout à fait celui du même terrain dans le massif de Souk-el-Djema, les marnes dominant à la base, entrelardées de couches noduleuses calcaires qui finissent par dominer au sommet, par se souder et former des bancs durs et compacts; leur inclinaison, assez variable, est de 25 à 30 degrés vers l'Est.

J'ai aussi visité le commencement SO de la longue chaîne du Djebel Massoudj, dont la composition est identique; à l'œil on peut facilement vérifier l'allure des couches pendant plusieurs kilomètres, toujours au moins jusqu'à Djiama (Zama la bataille, croit-on); l'inclinaison des couches semble un peu plus vers le SE; les marnes de la base du versant Ouest sont très profondément ravinées.

Oued Tessa, 3 juin. — Je n'ai pas quitté les marnes de la craie supérieure depuis Bordj-ben-Khalif. Il est vrai que pendant de longs intervalles elles sont masquées par des dépôts argileux rougeâtres (Loëss?), identiques à ceux du Cherichira; au-dessus, des travertins «chimiques et mécaniques» puissants; le tout est très raviné, le revers NO du Djebel Massoudj étant marno-argileux.

Je suis campé au pied du Djebel Mahiza; il fait très chaud : 35 degrés sous ma tente; hommes et bêtes dorment, j'en ferais peut-être autant si les mouches me le permettaient; elles rendent même difficile la rédaction de mes notes et j'attends impatiemment une fraîcheur relative pour gravir le Mahiza, qui, d'ici, me semble encore appartenir au Crétacé supérieur.

J'ai visité les flancs Est et NE du Djebel Mahiza et j'y ai en effet retrouvé les calcaires à Inocérames si stériles en fossiles; la végétation est très intense et gêne les observations, cependant les couches me semblent plonger vers le SO (?), sous des angles divers.

Bordj Messaoudj, 4 juin. — On est sur les marnes grises, subordonnées aux calcaires à Inocérames, jusqu'à la Kouba de Sidi-bou-Rouis, puis l'on entre dans une vaste plaine d'alluvions terreuses, fort riche dans les années pluvieuses, mais désolée pour le moment; çà et là de petits mamelons travertineux, presque toujours surmontés de ruines romaines.

Nous avons maintenant à franchir le massif du Djebel Bou-Kahil, et nous nous trouvons en face d'une tout autre formation; des grès tendres, quelques sables, des poudingues à éléments souvent assez gros, des marnes brunes puissantes; c'est bien l'analogue de ce que l'on est convenu d'appeler le Pliocène du Coudiat-Ati près Constantine; je n'entrerai pas ici dans la genèse de cette formation, bien élucidée par M. Ph. Thomas; ici elle est identique à ce que j'ai pu observer en 1887 entre Mateur et la Medjerda.

La stratification est assez variée, confuse, parfois torrentielle; en abordant la montagne par le Sud, les couches semblent plonger vers le Sud, et sur le versant opposé, vers l'Ouest. Je n'ai trouvé ni dans les grès, ni dans les argiles, de traces d'organismes. Des argiles rougeâtres assez compactes, analogues à celles du Cherichira, se montrent ici assez développées; elles sont en terrasses, discordantes de stratification avec les couches précitées; autre époque(?), autre origine(?).

Le Bordj Messaoudj formait, il y a encore peu de temps, un centre militaire important, dont les bâtiments, à peine abandonnés, sont déjà en ruines. Je m'installe dans l'ancien cercle des officiers; la chaleur est accablante, les mouches insupportables et je vais philosophiquement visiter ces solitudes, si vivantes il y a à peine quelques mois.

De grandes plaques de calcaire blanc forment partout des dallages; elles m'intriguent par leurs dimensions, la régularité de leur délit; j'aperçois une empreinte d'Ammonite; serait-ce la couche à Céphalopodes déroulés, manquée à Zemfour? la craie de Waldheim? Le Bordj est construit sur ces couches: tout autour, de petits trous-carrière où je vois beaucoup d'empreintes, mais bien mauvaises; la nuit interrompt mes recherches.

5 juin. — Il est ennuyeux d'avoir à se déjuger en aussi peu de temps, mais ce que je prenais hier au soir pour de la craie de Waldheim est de l'Aptien des plus authentiques; comme circonstances atténuantes, je dois dire que depuis huit jours je ne pouvais sortir des calcaires à Inocérames, et qu'hier il faisait presque nuit quand j'ai aperçu ces traces d'Ammonites; j'ai été trompé par une grande similitude de facies dont il faudra se méfier en l'absence de documents paléontologiques; l'excursion de ce matin vient heureusement de me les offrir; ils sont indiscutables.

Coupe du Djebel Rahar à 1 kil. NE du Bordj Messaoudj.

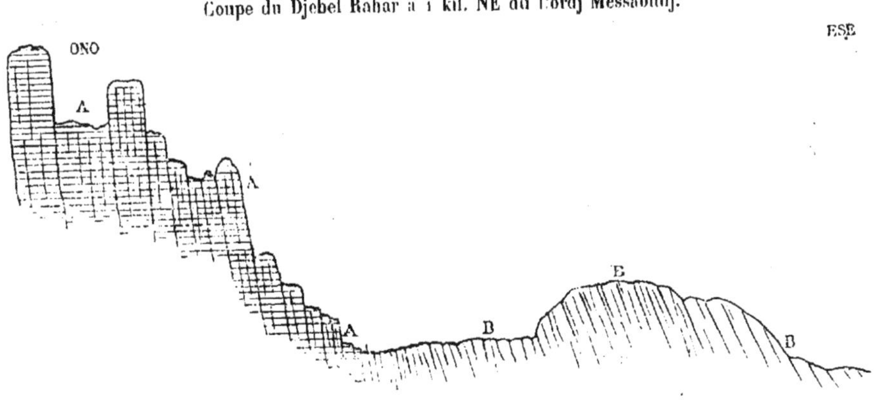

A. Calcaire marno-gréseux ferrugineux : *Plicatula placunea*, *Ammonites fissicostatus*, etc.

B. Marnes grises avec bancs de calcaires blancs, noduleux ou tabulaires : *Belemnites* sp., *Ammonites* sp.

Le Djebel Rahar, au Nord du Bordj, est composé de calcaires gréseux, ferrugineux avec marnes brunes et calcaires marneux grumeleux intercalés; la direction des couches est NNE-SSO; l'inclinaison, qui atteint presque parfois la verticale, est toujours forte. J'ai recueilli dans les calcaires marneux : *Plicatula placunea*, *Ammonites fissicostatus* (type de Gurgy), *Rhynchonella* sp., etc.

Au-dessus, et relativement dans la vallée, des marnes grises avec alternances de bancs calcaires blancs, noduleux, schisteux ou en dalles d'un beau et bon délit; une table ronde, de 0 m. 05 d'épaisseur et de 1 m. 60 de diamètre, gît dans l'ancien cercle des officiers.

Dans cet ensemble supérieur, j'ai recueilli de nombreux tronçons de *Belemnites* aff. *semicanaliculatus*, des Ammonites écrasées. Les couches ont la même direction que celles sous-jacentes avec lesquelles elles sont absolument concordantes; leur angle de pendage est aussi plus ou moins grand.

Il y a tout autour du Bordj Messaoudj des ruines romaines importantes, des inscriptions.

La nuit a été des plus pénibles; la chaleur, les moustiques rendent infructueuses mes tentatives de sommeil. Un des mulets du train est tombé malade; pourrai-je le ramener jusqu'à Souk-el-Arba? En tout cas, il me faut en trouver un, à louer, pour le transport de mes bagages; que d'ennuis! dans peu de jours heureusement, je pourrai rentrer en pays civilisé.

Aïn Gharsallah, 5 juin. — Malgré un fort siroco, je quitte le Bordj Messaoudj à 2 heures et demie, l'étape devant être courte. Je longe le versant Nord du Djebel Bou-Kahil sans comprendre sa composition, tellement il est embroussaillé.

Coupe à Aïn Gharsallah.

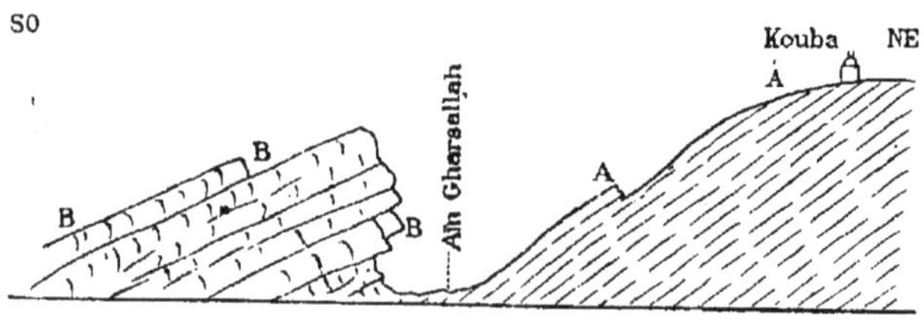

A. Marnes et lumachelles à *Ostrea Clot-Beyi.*
B. Calcaires nummulitiques en bancs durs et épais.

En face, les couches blanches aptiennes grimpent la montagne et se perdent à l'œil dans le massif du Djebel Djouaouda.

Après la ville romaine de Musti (ruines fort importantes, très remarquables inscriptions) se montrent, en bancs épais, les calcaires nummulitiques qui ont fourni les splendides matériaux de l'antique cité; puis, au-dessous, après l'Aïn Gharsallah, la lumachelle à *Ostrea Clot-Beyi*, ce qui donne la coupe précédente.

De Teboursouk à Souk-el-Arba.

Teboursouk, 6 juin. — J'ai quitté Aïn Gharsallah, en laissant filer mon convoi sur Teboursouk. Je prends d'abord au NO pour tâcher de contrôler sur un nouveau point les rapports des couches à *Ostrea Clot-Beyi* avec les calcaires nummulitiques; je n'ai pu y réussir.

La base du Nummulitique, très développé dans les Djebel Alia, Djebel Bou-Krouba, etc., est formée par un calcaire dur, en bancs compacts, renfermant de tout petits nodules phosphatés.

Je constate, à l'œil, l'Aptien blanc et marneux au Fedj El-Adhoub; on en voit les couches rejoindre celles bien caractérisées de Bordj-Messaoudj d'une part, et de l'autre côté, se diriger vers Teboursouk, en passant sous les sommets nummulitiques; ces derniers couronnent tous les reliefs jusqu'à Teboursouk.

De tous côtés, des ruines romaines, presque encombrantes : autour du «Fondouk», au-dessus, au-dessous et surtout à Dougga, où l'on voit un élégant reste de temple se profilant gracieusement sur l'horizon; de curieuses inscriptions, des stèles, des citernes, etc.

Au-dessous de Dougga, sur la route de Teboursouk, on retrouve l'Aptien supérieur avec les caractères pétrographiques constatés à Bordj-Messaoudj; je n'ai pas eu le loisir d'y chercher des fossiles, ayant déjà neuf heures de marche dans les jambes et une tablette de chocolat dans l'estomac; c'est rude, mais j'ai obtenu un intéressant résultat en pouvant suivre les couches de l'Aptien depuis Bordj-Messaoudj jusqu'à Teboursouk; si je ne me suis pas trompé, et je l'espère, c'est là, il me semble, un joli résultat, pour la stratigraphie pure..., à la longue-vue; toutefois, j'aurais été bien aise de rencontrer quelques documents paléontologiques corroborant mes observations.

Vers Teboursouk, les couches ne plongent plus que de quelques degrés vers l'E-NE; elles semblent supporter, presque directement, le Nummulitique, dont les strates, dans une certaine mesure, ont des directions un peu différentes, leur pendage variant entre le NE et le SE.

Je descends chez le Caïd de Teboursouk, qui m'offre une hospitalité tout arabe. La ville me paraît intéressante et pittoresque, mais je me sens trop fatigué pour aller la visiter.

Aïn-Oued-Tibur, 7 juin. — Partis à 6 heures du matin, nous campions à 11 heures auprès d'une petite source, dans la plaine de la Medjerda; Souk-el-Arba est à cinq lieues dans l'Ouest, on le devine déjà; nous voici, Dieu merci, presque au terme de cette longue et pénible exploration; il est temps d'arriver : rien ne va plus; on est fatigué de soi et des autres; puis mon mulet du train, depuis quatre jours, refuse de manger; pourrai-je seulement le ramener? Je suis obligé de louer, avec mille difficultés, des mulets arabes pour le suppléer, mais il ne me faut plus que vingt-quatre heures de courage.

Le plateau qui domine Teboursouk est tout nummulitique; c'est un calcaire saccharoïde avec petites Nummulites, *Dytripa*, quelques grains de glauconie et de phosphate; c'est tout l'analogue des bancs inférieurs du système nummulitique de Béja; ces couches descendent assez rapidement vers le NE et sont traversées par la route de Teboursouk à Souk-el-Arba. A la montée de la colline qui domine l'Oued Mageah, on se retrouve en présence des calcaires marneux rognoneux de l'Aptien (?). Leur pendage est d'environ 50 degrés vers le SE, je n'ai pu y trouver de fossiles, mais ils se rattachent incontestablement à l'ensemble aptien observé depuis trois jours.

L'Oued Mageah coule sur les marnes inférieures, car à la montée, sur la rive gauche, on les retrouve avec un pendage contraire; un plissement avec fracture de la voûte et érosion nous donne cette coupe :

Coupe de l'Oued Mageah.

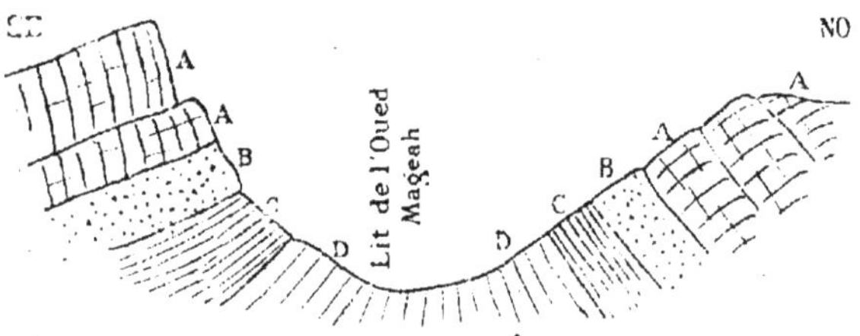

A. Calcaire nummulitique.
B. Couche indéterminée.
C. Calcaires blancs, noduleux, aptiens.
D. Marnes aptiennes.

Puis on se retrouve en présence du Nummulitique, qui forme le sommet du Djebel Gorrah, descend vers le NE, traverse la route et se perd à l'œil du côté de la Kouba de Sidi-Abd-Melili.

Après l'on descend rapidement vers la plaine, à travers des marnes et des grès bruns auxquels, pour le moment, je ne saurais assigner une date, tout en leur trouvant la tournure du Pliocène de Constantine.

La large vallée de la Medjerda est, jusqu'à Souk-el-Arba, toute en alluvions de diverses natures; je la traverse rapidement et, le 8 juin, j'arrive très fatigué à Souk-el-Arba, assez à temps pour pouvoir prendre le train qui me ramène à Tunis dans la nuit.

Tunis.

Tunis, 10 juin. — Je suis arrivé à Tunis, tout juste à temps pour serrer la main de M. Cosson, le président de notre mission, qui va herboriser dans le Nord de la Régence. Je suis obligé de résister aux aimables instances qu'il me fait pour que je l'accompagne, car je me sens réellement fatigué et j'ai besoin de quelques jours d'un repos bien gagné; je lui promets d'aller le rejoindre en Kroumirie, quoique les chaleurs soient déjà trop fortes pour pouvoir explorer utilement; aussi, cet acte de bonne volonté accompli, je considérerai ma besogne terminée pour cette année et rentrerai en France.

De Béja à Tabarque.

Béja, 18 juin. — Je suis arrivé hier au soir à Béja pour organiser mon voyage à la recherche de M. Cosson; ce sera sans doute chose difficile, car je n'ai plus à ma disposition les commodes mulets du train, et l'itinéraire de mon président de mission est vague, sujet à des modifications.

J'ai retrouvé ici M. l'ingénieur Roussel, toujours aimable et intéressant. J'ai recueilli auprès de lui des renseignements fort précieux, que je transcris presque littéralement.

La pierre à moellons employée à Tunis est tirée, soit de Mougrin, soit du Djebel Djelloul; elle est connue sous le nom de «Zaouan». Elle est généralement dure, sonore, cassante, grise ou blanche avec des veinules de carbonate de chaux ferrugineux. C'est un type que l'on retrouve à Mateur (carrière Smith) et sur plusieurs autres points de la Régence où il est toujours désigné sous ce même nom de «Zaouan». Près de Tunis, M. Aubert n'y avait trouvé qu'un petit Brachiopode; M. Roussel m'affirme avoir rencontré, rarement il est vrai, des Céphalopodes déroulés dans le «Zaouan» qu'il faisait extraire, en grande quantité, au Djebel Djelloul, pour les besoins du chemin de fer.

Me voici confirmé dans l'attribution que j'avais faite à la craie supérieure des calcaires de la carrière de M. Smith, attribution basée surtout sur l'étude des Foraminifères qui s'y rencontrent en grand nombre.

Le «Zaouan» est aussi employé à faire une chaux grasse très foisonnante.

Quant au «Tafaize»[1], les Romains en employaient la chaux, mêlée à des tuileaux et autres argiles cuites et concassées, pour faire le béton sur lequel reposaient leurs mosaïques, ainsi que pour tous les revêtements de citernes et conduites d'eau.

Je rapporte de nombreux *Unio* de l'Oued Béja, où ils sont aussi abondants que dans la Medjerda; un cantinier avait essayé, sans succès, de les faire manger aux ouvriers qui travaillaient à la voie du chemin de fer.

Je suis allé avec M. Roussel au gisement des grandes Nummulites déjà vues lors de mon précédent voyage, mais je suis malheureusement sans renseignement sur leur niveau exact; on les trouve dans un trou peu profond, creusé dans un champ de blé; j'y vois au moins deux espèces de Nummulites, avec quelques rares *Ostrea multicostata* et quelques Foraminifères à étudier au microscope.

Nous visitons l'emplacement de l'ancien camp, au Nord de la ville; c'est un petit plateau travertineux, d'un facies assez particulier; les matériaux d'éboulis (?) englobés sont nombreux et forment des poudingues et des brèches; ils sont épais et renferment de nombreuses excavations, qui sont, dit-on, des restes d'une nécropole carthaginoise; on y aurait trouvé des objets intéressants.

Sous ces travertins, on voit des calcaires marneux compacts, nummulitiques (?), puis les calcaires à Inocérames, que l'on ne quittera plus jusqu'au delà du Khanget El-Tout.

Khanget El-Tout, 22 juin. — Je suis parti de Béja le 20 à 3 heures, assez mal organisé, peu sûrement même; un cheval réquisitionné malgré son propriétaire porte mes bagages; il est conduit par un jeune Arabe que le contrôleur civil a fait sortir de prison, où il était enfermé, pour délit peu grave, m'assure-t-on, et qui connaît la région jusqu'à la mer; un ancien turco, récolté aussi au hasard, me sert d'interprète.

Un fort orage nous surprend bientôt et je dresse ma tente, trempé par une pluie battante, à l'Aïn Sidi-Hamid; le 21, au matin, j'expédie mon convoi chez M. Faure, au Khanget El-Tout, et je me dirige isolément à l'Ouest; le Kef qui domine l'Aïn Sidi-Hamid est en calcaire à Inocérames et forme une longue arête qui se prolonge au SO; une seconde crête lui est parallèle au NO et est de même formation, séparée par une assez large vallée, bien cultivée et qui doit être creusée dans les marnes inférieures; cette orographie se reproduit identique une seconde fois et, après une troisième plaine, j'arrive au massif boisé du Djebel Thabbaba; il est coupé perpendiculairement par une brisure profonde, sorte de

[1] Voir page 7.

défilé donnant passage à un ruisseau et à un sentier difficile que je prends. La montagne est toute en calcaires à Inocérames; j'y trouve un mauvais Échinide.

A la sortie, au NO, il y a de très puissantes masses travertineuses qui seraient à étudier.

J'ai encore assez longtemps erré dans le massif qui est au SO de la mine sans sortir du Crétacé supérieur, et à 3 heures j'arrivais à la maison de M. Faure; il avait été obligé de s'absenter, mais ayant donné des instructions à mon sujet, je m'installe à sa table et même dans son lit, où il me trouve à 10 heures du soir, ayant pu rentrer plus tôt qu'il ne le pensait.

Les nouvelles que j'obtiens de la mission Cosson sont très vagues : elle doit être à opérer chez les Mogod; je vais, malgré le temps incertain, me mettre à sa recherche, en me dirigeant vers le cap Negro.

Tabarque, 25 juin. — Je suis donc parti de chez M. Faure le 22 juin à 1 heure; lui-même se rendait à Tabarque et nous avons pu faire quelques kilomètres ensemble.

Je n'ai rien à ajouter aux observations faites l'année dernière sur le Khanget El-Tout, sa riche mine de calamine, le contact du calcaire et des grès; ce dernier point mériterait une étude sur des points moins embroussaillés.

A la sortie de la cluse, je suis entré dans les grès; au delà de la Kouba de Sidi-bou-Salem, les marnes semblent dominer; sont-elles supérieures ou inférieures, intercalées? Elles sont bleuâtres; cela ne me dit pas grand'chose.

Je vais coucher à la baraque de M. Faure, petite maison construite en gros blocs de minerai de fer lors des premières recherches faites par la Compagnie d'El-Hani; l'endroit se nomme El-Aoualat. Le filon ou l'amas semble être puissant et le minerai est, assure-t-on, riche et de bonne qualité; mais il y a la difficile et coûteuse question des transports qui en arrête l'exploitation; on s'occupe sérieusement de l'étude d'un chemin de fer de Béja à Tabarque qui pourrait résoudre la question; quand sera-t-il fait?

Le lendemain matin, après une affreuse nuit à moustiques, je me dirige vers le cap Negro où, peut-être, je retrouverai la mission.

M. Faure m'avait signalé avant El-Amoïza (El-Mouaza) deux pitons trachytiques(?); mais comme je devais repasser par là, je me réservais de les visiter dans de meilleures conditions avec M. Lefebvre, l'intelligent directeur du service des forêts. On a toujours tort, surtout en expédition, de remettre au lendemain une observation; heureusement encore que j'en ai recueilli des échantillons dans des blocs taillés, d'origine romaine, qui m'avaient été indiqués par M. Faure, près de la baraque; mais j'aurais dû voir sur place les allures de cette roche éruptive, son contact avec les grès [1].

Je remonte ensuite la pittoresque vallée de l'Oued Bellif dans une magnifique forêt de Chênes-Liège et de Chênes-Zen.

Pour arriver au cap Negro on franchit péniblement une dernière arête gréseuse et l'on se trouve enfin en face de la mer.

De ces hauteurs on doit pouvoir jouir d'un panorama splendide que l'on devine presque, mais la brume est si intense que nous ne voyons presque pas notre chemin.

Depuis les trachytes de l'Oued Bellif, depuis même la fin du Khanget El-Tout, je ne suis guère sorti des grès, qui m'accompagnent jusqu'à la mer; ils sont plus ou moins durs ou sableux, souvent assez ferrugineux; quelquefois les éléments roulés qui les constituent sont assez gros pour que l'on puisse employer le terme de poudingue; quelques couches marneuses sont intercalées, mais difficiles à observer à cause de l'intensité de la végétation, car elles produisent presque toujours un niveau d'eau.

D'apparence, je ne saurais distinguer ni séparer cet énorme ensemble gréseux de celui du cap Bon, quoique ici je ne puisse trouver de fossiles justificatifs; l'analogie est aussi frappante avec le massif que l'on traverse entre l'Henchir Es-Souar et Djebibina. J'accepte pour eux le terme de supra-nummulitique, *sensu stricto*, puisqu'il indique nettement que ce n'est pas un facies latéral du Nummulitique calcaire ou marneux, mais une formation plus élevée et qui, pour moi, doit représenter le Miocène et le Pliocène.

[1] M. Bertrand a bien voulu en examiner des échantillons et je ne saurais mieux faire que de citer littéralement l'appréciation de notre savant Président de la Société géologique :

« Cette roche, d'après l'examen à l'œil nu, serait bien un trachyte, ainsi que vous l'avez étiquetée, avec petits cristaux de sanidine et de mica noir. Mais, de plus, elle donne déjà, à la loupe, l'impression d'une grande vitrosité qui se vérifie au microscope. Dans la pâte, très vitreuse, on constate alors la tendance à la cristallisation de la silice, se manifestant par la production de nombreux sphérolithes à croix noire. La roche est donc un trachyte à mica noir, avec pâte vitreuse contenant des sphérolithes à croix noire.

« Dans la classification adoptée par MM. Fouqué et Michel Lévy, dans laquelle le nom de la roche se détermine par la nature de la pâte et non par celle des grands cristaux, ce serait une *Rhyolite vitreuse*. Dans l'ancienne classification, le nom de *Rhyolite* n'est pas applicable, parce qu'il n'y a pas de grands cristaux de quartz.

« Comme assimilation avec les roches décrites en Algérie par MM. Curie et Flamant (*Études sur les roches éruptives d'Algérie*, p. 21), la roche pourrait peut-être se rapprocher des Liparites feldspathiques de la région de Ménerville, ceci sous toutes réserves naturellement, n'ayant pas vu la roche en question, qui semble d'ailleurs assez variable d'après la description. »

Au cap Negro, une pointe gréseuse élevée, dominée par les ruines d'un ancien comptoir français qui a dû être important, abrite de nombreuses barques de pêcheurs de sardines, tous italiens.

Point de traces de la mission; je suis absolument sans ressources, pas même celles de la *Kessera*, galette indigène, aucun Arabe n'habitant la localité; il me répugne d'aller quémander la charité d'un morceau de pain à mes voisins les pêcheurs italiens.

Le cheval réquisitionné à Béja pour porter mes bagages disparaît; mes deux hommes se mettent à sa recherche et le soir je n'en ai pas encore de nouvelles.

Je n'ai jamais plus souffert des moustiques la nuit, des mouches pendant le jour; déjà, à la baraque de M. Faure, je n'avais pu reposer pour les mêmes causes; deux nuits consécutives d'une pareille existence, sans compter les jours..., je n'y saurais résister; attendre la mission : pendant combien de temps? n'aura-t-elle pas changé son itinéraire? Il y a vingt-quatre heures que mes hommes, l'ancien turco et le sortant de prison, ont disparu; c'est louche; ils sont partis sans se faire payer; comptent-ils se récupérer sur la vente du cheval, probablement volé par eux?

Je me décide à m'aboucher avec un patron de pêche; nous nous entendons tant bien que mal, et à 6 heures je pars pour Tabarque, où j'arrive deux heures après; quelques difficultés avec la Douane, qui prétendait remettre au lendemain la remise de mes bagages, et je descends à un petit hôtel, pas mal du tout pour le pays.

Ayant longé de fort près la côte, j'ai pu faire de la «géologie en bateau», comme mon savant ami, M. de Lapparent, sait en faire en wagon; seulement il a sur moi l'extrême avantage de connaître d'avance le pays qu'il va nous décrire si humouristiquement... à la vapeur.

Je serai donc infiniment plus vague, n'ayant pour me guider que quelques vues, plutôt panoramiques que géologiques, relevées par M. Vélain.

Au cap Negro, la direction des bancs de grès est NO-SE avec un pendage d'au moins 60° vers le NE; il est facile, à la longue-vue, de constater qu'il en est ainsi, pendant une dizaine de kilomètres, jusqu'aux dunes; quant à celles-ci, la nuit m'empêche de me faire aucune opinion sur leur genèse.

26 juin. — Les orages qui menaçaient depuis quelques jours viennent de se résoudre en pluie, grosse pluie chaude, forcément supportable quand on est en route, mais qui ôte toute envie de s'y mettre quand on a un abri possible. Puis, les environs, au moins immédiats, n'ont rien d'entraînant; des grès plus ou moins durs et épais, alternant avec des marnes souvent assez feuilletées; telle est la coupe que l'on peut re-

lever en montant au Bordj où l'on a installé les établissements militaires; aucun fossile; rien de nummulitique en tous cas; cela ne me rappelle que le Pliocène.

29 juin. — M. Cosson est enfin arrivé hier avec son nombreux cortège; lui aussi est bien éprouvé par les fatigues de son exploration; comme docteur, il m'a ordonné quelques drogues qui arrêteront, je l'espère, d'assez forts accès de fièvre qui m'enlèvent toute énergie.

M. Cosson va faire une pointe vers La Calle, toujours, m'assure-t-on, dans les grès; cela m'intéresse médiocrement; je préférerais aller visiter les îles de la Galite, qui sont, dit-on, basaltiques, mais je ne peux trouver une barque pour m'y conduire et je me décide à rejoindre Aïn-Draham, avec M. Lefebvre qui part demain.

Fedj Kahla, 1er juillet. — Je suis parti ce matin, à pied, par la route, à peu près praticable, d'Aïn-Draham; le pays est très pittoresque, ressemblant fort à la Kabylie; il est très boisé, trop boisé même pour le géologue. Je ne vois que des alternances d'argiles et de grès, et ce n'est qu'auprès du campement de M. Lefebvre, à Fedj Kahla, où il existe un poste de douanes tunisiennes, que je me trouve en présence de calcaires blancs marneux qui ont tout à fait l'apparence de ces calcaires à Inocérames qui ont été la note dominante de mon exploration.

Je termine ici mes notes, car demain je prendrai, à Aïn-Draham, une voiture qui me conduira à Souk-el-Arba, où je trouverai le chemin de fer de Tunis; dans ces conditions, je n'aurai guère la possibilité de me livrer à d'utiles observations.

www.ingramcontent.com/pod-product-compliance
Ingram Content Group UK Ltd.
Pitfield, Milton Keynes, MK11 3LW, UK
UKHW020451230726
13925UKWH00005B/1859